解脱的人生不寂寞

关力◎编著

中国华侨出版社

图书在版编目 (CIP) 数据

　　解脱的人生不寂寞／关力编著. —北京：中国华侨出版社，
2012.6

　　ISBN 978－7－5113－2526－6

　　Ⅰ.①解…　　Ⅱ.①关…　　Ⅲ.①人生哲学–通俗读物
Ⅳ.①B821–49

　　中国版本图书馆 CIP 数据核字　(2012)　第123425号

●解脱的人生不寂寞

编　　著／关　力
责任编辑／华　轩
版式设计／丽泰图文设计工作室／桃子
经　　销／全国新华书店
开　　本／710×1000毫米　　1/16开　　印张／21　　字数／265千字
印　　刷／河北省香河县宏润印刷有限公司
版　　次／2012年9月第1版　　2012年9月第1次印刷
书　　号／ISBN 978－7－5113－2526－6
定　　价／36.00元

中国华侨出版社　　北京市朝阳区静安里26号通成达大厦3层　　邮编：100028
法律顾问：陈鹰律师事务所
发行部：(010) 64443051　　传真：(010) 64439708
网　　址：www.oveaschin.com
E-mail：oveaschin@sina.com

序言：人生无处不套牢

生而为人，出生前就被子宫套牢了，长大了被父母套牢，后来，上学了被学校套牢，工作了被单位套牢，结了婚被家庭套牢……死了被骨灰盒套牢。

现实生活也是如此：忙碌时为时间套牢，闲暇时为无聊套牢，贫穷时为金钱套牢，有钱时为欲望套牢，当官时为地位套牢，经商时为利益套牢，上班时被领导套牢，回家时被老婆套牢……

其实，把自己给装在套子里的不是别人，而是我们自己，是自己给自己套上了心灵的枷锁，走进了自造的牢房。

有这样一个故事：

从前有个长发公主叫雷凡莎，她头上披着很长很长的金发，长得十分漂亮。雷凡莎自幼被囚禁在古堡的塔里，和她住在一起的老巫婆天天说雷凡莎长得很丑。

有一天，一位年轻英俊的王子从塔下经过，被雷凡莎的美貌惊呆了，从这以后，他天天都要到这里来，一饱眼福。雷凡莎从王子的眼睛里认清了自己的美丽，同时也从王子的眼睛里发现了自己的自由和未来。有一天，她终于放下头上长长的金发，让王子攀着长发爬上塔顶，把她从塔里解救出来。

其实，囚禁雷凡莎的不是别人，而正是她自己，那个老巫婆是她心里迷失自我的魔鬼，她听信了魔鬼的话，以为自己长得很丑，不愿见人，就把自己囚禁在塔里。

人在很多时候，都会作茧自缚，人心很容易被种种烦恼和物欲所捆绑。那都是自己把自己关进去的。正所谓苦由心生，烦恼都是自找的。其实，有时候不是自己缺乏美丽，而是我们内心不够自信；不是生活黯然失色，而是我们的胸襟不够开阔；不是人生孤独寂寞，而是我们还不知如何取舍。抛下烦恼，给心灵洗个澡，让心中充满阳光，也许我们就能得到真正的心理解脱，做一个轻松快乐的人。

人生处处被套牢，要想打开牢门的心锁，就要找到放飞心情的密码和钥匙。找到属于自己的那份恬静和愉悦。

当被苦难套牢时，我们要保持乐观豁达的积极态度，再苦也要笑一笑。因为，我们知道痛苦是通往天堂的梯子，挫折是成功的入场券，风雨之后才能见彩虹的人生哲理；我们懂得因为有灾患所以欢乐才那么令人喜悦，因为有饥饿所以佳肴才那么香甜的辩证哲学。

当被情绪套牢时，我们千万不要为小事发火，因为情绪化害死人。一定要疏导好自己的怨气，别做情绪的奴隶。做到凡事都要看开点，毕竟没有什么不可以饶恕的。狭隘只能是自我折磨，我们要用海纳百川的容忍消除内心的不安，这样才能从悲剧中找到喜剧，才能拥有一颗快乐的心。

当被欲望套牢时，我们选择欲望向左，快乐向右。贪婪之心不可有，知足者才能常乐。欲望不多，才能过得轻松愉快，才能活得闲适悠然。为欲望减负，让生活放飞，就要学会选择懂得放弃，选择正确放弃错误，选择舒畅放弃焦虑，选择现实放弃妄想，活在当下，不为明天的盘子发愁。这才是最简朴最快乐的生活。

当被自卑套牢时，我们一定要充满信心，走出自卑的荒漠，不做被自己打败的人。只有自信才能充分挖掘自己的潜能，实现生命的价值，充分享受人生的甘美；只有自信才能扼住命运的喉咙，把挫折和失败当作美丽的音符谱写出人生的激情之歌。

当被抱怨套牢时，我们要知道一切抱怨都是徒劳的，过去的事情就让它永远的过去。不要为打翻的牛奶哭泣，别做无谓的埋怨和惋惜，更不要去生气，因为生气是一种毒药。只有以德抱怨才能天地宽。有时面对抱怨，我们不妨换个角度去思考，也许转个弯儿，就会发现快乐就在眼前。

当被琐事套牢时，我们千万不要为琐事斤斤计较。常常为琐事而烦恼的人，他的生活也像琐事一样杂乱无章。为琐事烦恼往往会把事情搞得更复杂，就会带来更多烦恼，所以简单才是最好，简单就是快乐。

　　总之，人生无处不套牢，要在这纷呈繁杂、千姿百态的生活中寻找心灵的那份静谧与超脱，拥有一份快乐和惬意的心情，就要调整好自己的心态，只有做到平衡心态，才能安定自己内心的世界，锤炼自己，才能得到真正的解脱，实现自己的人生梦想。

　　心态决定命运，只要拥有一个好的心态，其实，人生无处能套牢！

一、苦由心生

二、再苦也要笑一笑

三、烦恼都是自找的

四、别为小事去烦心

目
录

003

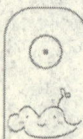

十八、像白云一样自由自在

一、苦由心生

　　人生一世，能够快乐开心一生，是每个人心中的一个梦，然而，现实生活中苦难总是多于快乐，逆境总是多于顺境。面对苦难，我们选择坦然应对，保持心灵的那份平静与毅然，还是被不安与烦躁的情绪所笼罩，一切都源于我们自己的内心，快乐和痛苦都是自找的。生活中，要想摆脱痛苦选择快乐其实也很简单，只要我们不作无谓的抱怨与惋惜，不自己恐吓自己，不斤斤计较乱生气就可以了，苦由心生，境由心造，面对同一问题或事物，要学会选择懂得放弃，选择快乐放弃苦恼。这样，我们的生活才会充满阳光。

1. 境由心造

英国人狄斯累利说，境遇不造人，是人造境遇。生活只有在平淡无奇的人看来才是空虚而平淡无奇的。

一个人的处境是苦是乐常是主观的。有人安于某种生活，有人不能。因此，能安于自己目前处境的不妨就如此生活下去，不能的只好努力另找出路。你无法断言哪里才是成功的，也无法肯定当自己到达了某一点之后，会不会快乐。有些人永远不会感到满足，他的快乐只建立在不断地追求与争取的过程之中，因此他的目标不断地向远处推移。这种人的快乐可能少，但成就可能大。

苦乐全凭自己判断，这和客观环境并不一定有直接关系，正如一个不爱珠宝的女人，即使置身在极其重视虚荣的环境，也无伤她的自尊。拥有万卷书的穷书生，并不想去和百万富翁交换钻石或股票。满足于田园生活的人也并不艳羡任何学者的荣誉头衔，或高官厚禄。

你的爱好就是你的方向，你的兴趣就是你的资本，你的性情就是你的命运。各人有各人理想的乐园，有自己所乐于安享的花花世界。

成功的人生往往存在一颗快乐的心中。在物质贫乏的时代，人们也许辛苦，但他们会说："我很充实，我感觉快乐且满足。然而今天商业经济的浪潮滚滚涌来，使人感到这种乐观的情绪不再如以往轻易掌握。你的智商可能很高，那么你的情商是否也一样高呢？

对于平凡的人来说，试着培养一种平和乐观的成功心态，更加重要。

终南山麓，水沛草美。听说在这一带盛产一种快乐藤，凡是得到这种藤的人，一定会喜形于色，笑逐颜开，不知道烦恼为何物。曾经有一个

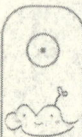

人，为了得到不尽的快乐，不惜跋千山涉万水，去找这种藤。他历尽千辛万苦，终于来到了终南山麓，在险峻的山崖上，他找到了快乐藤。可是他却发现他并没有得到预想中那种快乐，内心反而感到一种空虚和失落。

有天晚上，他在山下的一位老人屋中借宿，面对皎洁的月光，他发出一声长长的叹息。老人闻声而至："年轻人，什么让你这样叹息呀？"于是，他说出了心中的疑问："为什么已经得到快乐藤的自己，却没有得到快乐呢？"

老人一听乐了，说："其实，快乐藤并非终南山才有，而是人人心中都有。只要你有快乐的根，无论走到天涯海角，都能得到快乐。"老人的话让这个年轻人觉得耳目一新，就又问："什么是快乐的根呢？"

老人就说："心就是快乐的根。"

人生一世，能够快快乐乐开开心心一生，相信这是每个人心中的一个梦。

雨果曾经说过："比海洋更广阔的是天空，比天空更广阔的是心灵。"人心浩瀚，可以容纳许多东西，但如果我们的心灵总被自私、贪婪、卑鄙、懒惰所笼罩，那就不论我们富甲天下或是位极至尊，也不能求得快乐。但如果我们的心灵能不断得到坚韧、顽强、刻苦、质朴之泉的灌溉，那就不论我们一贫如洗或是位卑如蚁。也可以求得快乐。

在人生的道路上，逆境总是多于顺境，苦难总是多于快乐。也许20个逆境能换来一次顺境，也许20次苦难能带来一次快乐。走过曲折，走过坎坷，不知不觉中发现自己其实已经变得强壮和勇猛，所以逆境是勇敢者的天堂。

生活中的一大要务，就是你的心灵保持宁静与和谐。你的生活才能得到安宁，理想的人生才有依据。千万别让那些孕育胡思乱想的莠苗长满你的心田。一有不安和浮躁的情绪，就得赶快检查你的日常生活的内容，是不是脱离了应循的正轨？如果是的话，就应该把那些能够振作精神、添加生气的项目放进你的生活与工作中。

杜绝一切烦恼的根源，逃脱出你为自己制造的樊笼，过朴实而有规律的生活，你就可以避免人生的许多失望。培养正当的生活兴趣，多多接触这个世界的美丽事物，才能建立美好的家园。

天上只有鸟在飞。一位锄田的人叹气道，它真苦，四处飞翔为觅一口食。另一位依窗惜春的少女也正好在看这只鸟，她叹气说，它真幸福，有一双美丽的翅膀。

面对同一种境况，不同的人有不同的心情、理解。满怀激情，你就会有一种振奋的感觉；失意悲观，你就会有一种痛苦或失落的感叹。当一个人的人生理想不能实现，或者见解、行为不为世人所理解时，都会使人迷惘、失意。现实生活中的种种情绪，都会使人对境况产生相同的或近似的联想、类比。

人人都有这样的生活体验：鲜花不可能在忧伤的眼睛里产生诗意，俭朴的生活能给知足者带来快乐。这就是境由心造。但太简单的道理，往往被人忽略。

余秋雨在一次演讲中说，我曾担任六年院长，做过学校的行政工作。每评教授职称，有限的两个名额会使大家明争暗斗，互相攻讦；结果某位老师尽管评上职称，从此却再无法与教研室人融洽相处。下课后只能去传达室，与一位跟他年龄相仿的老人聊天。这位老人没文化，但大家都记得他，每天早上来学校第一个看到的是他，下班回家最后一个走的也是他。传达室有个锅炉，无论教授讲师，甚至被打倒的老师，只要到他那里，他都会一样微笑着请他们坐，请他们喝水。他的这种看似平常的行为，很可能免除了那个年代委屈老师的苦难感。可是那些争职称的人呢？他们真正成功了吗？但这位六十多岁的老人，却真正得到了大家的喜爱。

送大家一个微笑、一杯茶水、一个问候，获得的也只是简单的生活温饱，但老人没有忘记境由心造的简单道理，他没有文化，但他对有文化的人有他的简单理解：我都知足啦，你们当然更应该知足！他把他的微笑和问候带给大家，没有想到这种快乐居然是具有教授资格的人非常珍惜的快乐。所以余秋雨说，我成为院长后就对所有这位老人式的人物和老师表示了感谢。他们这种关爱一切人的没有任何偏见的心，给了我们活下去的一种动力，一股暖流。

玄武湖公园靠城墙的人行道旁有一个公厕，门口有一个小房子，里面仅放一桌，仅容一人，墙壁是三合板，屋面是两块玻璃。管理这个厕所的是位50多岁的妇女，她养有一条小狗。早上上班经过这里的人，经常能

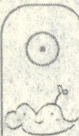

听到这位妇女放声高唱流行歌曲，唱得十分投入，让路人羡慕。厕所的异味老远就能闻到，但她久居此地不闻其臭，每有高歌，旁若无人。小狗常守在她的旁边，十分安闲。

在马路两侧，经常看见许多开小店的生意人，生意做不大，顾客少时门头架一小桌，凑上四人，甩几圈老 K，满脸的笑容绝不是装给行人看的。校门口有一个修鞋的小摊，摊主约五十岁年纪，继承的是祖传手艺。我前去修鞋，以为给人家带来生意。哪知人家在一旁架个凳子，凳子上放着一盘油炸花生、一盘猪耳朵、一碟素菜，一瓶白酒，与一朋友细叙慢酌。看到咱，说，明天来吧！今天不是过节吗？愣了半天才想起，这天是光棍节。

这种城市小景到处都是，不胜枚举。这些人收入不高，买不起高档车，住不起洋房，但你说人家生活质量差吗？不一定。木桶原理阐述的是这样一个理论：一个周边高低不等的木桶，它的盛水量并不取决于最长的那块木板，而是取决于最短的那块木板。人的智力因素是最长的那块木板，而人的心理素质则是最短的那块木板。

能守好最短的那块木板，最长的那块木板才有意义。

总之，心，乃是你活动的天地，你可以把地狱变成天堂，也可以把天堂变成地狱！

心理解脱

由于境由心造，人们很容易将思维编入既存的框架里，或满足或失意或进取，等等，产生"命中注定"或"无法更改"的思维定式。逐渐失去踏出围绕我们的框架的勇气，然后将自己对人生的梦想和野心一个个抛弃掉。而没有追逐梦想、实现野心的激情，人生将会缺乏激情。

2. 去掉肩上的仇恨袋

> 仇恨就像扛在肩上的袋子，只要你把生气的石头装得越多，就会越感到沉重，最终也必将把你压倒。

仇恨让人变得愤懑、自卑、丑陋、狭隘、思维停滞。放下仇恨才能心安理得、心胸坦荡，才能重获快乐的心境，才能重新拥有积极活跃的思维，才能集精力于应关注并想集中的事情之上。

剔除心中的仇恨，是宽恕别人，也是放过自己。心中放下了仇恨，也就没有了害怕、恐惧、无助、痛苦、悲观这些负面情绪的困扰；心中放下了仇恨，人才能变得平和、安详、轻松、自在、舒适、温暖、恬静、积极向上、充满阳光。放下了仇恨，人才能从内心深处散发出一种恬淡、从容、自信。所以，放弃仇恨，还自己一个明媚的蓝天。

在人际交往的过程中，自己难免会受到或多或少的伤害，如果别人并不是有意的，或者别人已经知错，你仍然以牙还牙，那么等于在自己的伤口上又撒了一把盐，只能徒增自己的痛苦。不如放下怨恨，宽恕你的仇人。

现实中，每个人都难以心平气和地去面对自己的仇人，甚至会做出一些冲动的举动。当你对他心怀仇恨的时候，就等于给了他制胜的力量；给了他机会来控制我们的睡眠、胃口、血压、健康，直至心情。憎恨伤不了对方一根毫毛，却把自己的日子弄得像生活在地狱中一般。莎士比亚说过："仇恨的烈焰会烧伤自己。"

曾经有人将憎恨的行为比喻为——"将一条毒蛇拥抱在胸前"。恶意的感觉终将化脓溃烂，而且会让你生病。为了保持一个健康的心灵和体魄，为了实现你的成功和抱负，学会原谅你的仇人吧！

从前，有一个动不动就怨恨别人的年轻人，觉得生活很沉重活着非常没有意思，经人指点就去见了高僧觉慧大师，以寻求解脱之法。觉慧大师给他一个篓子背在肩上，指着一条沙砾路说："你每走一步就捡一块石头放进去，看看有什么感觉。"

年轻人照高僧说的去做了，高僧便到路的另一头等他。过了一会儿，那人走到了头，高僧问。"有什么感觉。"年轻人说："越来越觉得沉重。"高僧说："这也就是你为什么感觉生活越来越沉重的道理。当一个人来到这个世间时，每个人都背着一个空袋子，有的人每走一步都要从这世界上捡一样东西放进去，所以才有了越走越累的感觉。如果你想过得轻松些，你就要学会舍弃一些不必要的负担。而你的怨恨是你最大的负担，你如果要想快乐，那么必须学会忘记怨恨，抛弃怨恨的石头。"

有句俗话说："不能生气的人是傻瓜，而不去生气的人是智者。"德国哲学家叔本华在《悲观论》中把生命比喻为痛苦的旅程，可是在绝望的深渊中他仍说："假如有可能的话，任何人都不应有怨恨的心理。"所以，当你因为别人的侮辱而气得发疯的时候，一定要冷静下来，学着去宽恕对方，也许你会有意外的收获。

一个人如果能够忘记仇恨，那么他已经具备了一种博大的胸怀，它能包容人世间的喜怒哀乐；忘记怨恨其实也是做人的一种崇高境界，它能使人生跃上更高的台阶。

如果放不下仇恨的石头，人就不会快乐，只会淹没在对过去的懊悔、痛苦和对未来的恐惧、忧虑与烦恼之中，人的大脑与神经会因不负重荷而错乱，心也会被人生必经的一切坎坷咬噬着，永远没有喘息的机会。如果不能放下仇恨的石头，人们可能会因为人与人之间的小摩擦而终生失去朋友和伴侣。

我们也许不能像圣人般去爱我们的仇人，可是为了我们自己的健康和快乐，我们至少要原谅他们，忘记他们，这样做实在是很聪明的事。

在第一次世界大战期间，在密西西比州中部流传着这样一个谣言，说德国人正在唆使黑人起来叛变。有人控告劳伦斯·琼斯在发动族人的叛变，因为一大群白人在教堂的外面听见劳伦斯·琼斯对听众大声地喊道："生命，就是一场搏斗！每个黑人都应该穿上自己的盔甲，以战斗来谋求生存和发展。"

被激怒的白人青年便冲出来将传教士劳伦斯·琼斯紧紧捆住，拖到一英里外的荒野上，将他吊在一大堆熊熊燃烧的干柴之上，准备烧死他。这时，有人叫道："在烧死他之前，让这个多嘴多舌的人说说话。"

劳伦斯·琼斯站在柴堆上，脖子上套着绳圈，开始宣传他的思想。他说他毕业于爱荷华大学，在音乐方面很有天赋。毕业后，他可以进入一家酒店工作，但他拒绝了。也有一个有钱人愿意资助他继续学习音乐的计划，但是也被他拒绝了，因为他心中有一个崇高的理想。他受到克尔·华盛顿的影响，决心献身于教育事业，去教育那些因贫穷而无法接受教育的黑人孩子。为了自己的理想，他回到了贫瘠的南方——密西西比州杰克镇以南25英里的一个小地方，将自己的手表当了1.65美元，在树林里用树桩当桌子，开始了他的教书生涯。

劳伦斯·琼斯面对愤怒的人群，讲述着自己的理想，自己的奋斗历程，自己深爱的教育事业，但是他丝毫没有表现出面临死亡的恐惧，更没有为自己求情。他面对的似乎不是要杀害自己的仇人，而是自己的朋友，而他只希望这些人能了解自己的理想。

后来有人问劳伦斯·琼斯，还恨那些想吊死和烧死他的人吗？他回答说，自己太忙了，有太多的理想需要去实现，根本没有时间去恨别人。他已经将所有的心思都用在一些超过他能力的伟大的事业上了。

那些愤怒的人们终于渐渐平息了下来，最后，人群中有一个曾经参加过南北战争的老兵说："我相信他说的是真话，他是在做一件好事，我们弄错了，我们应该帮助他而不是吊死他。"说完，老兵摘下自己的帽子，在人群中传来传去，在这些准备把这位教育家烧死的人群里，募集到52块4毛钱，把它交给了琼斯。

当别人伤害了你的同时，你反过来仇恨他，实际上是又加大了自己的惩罚。有位哲人曾经说："怀着爱心吃青菜要比带着愤怒吃海鲜强得多。"如果我们的对手知道因对他的仇恨而消耗我们的精力，使我们精疲力竭、社会关系老化，搞得我们心脏发病、未老先衰，难道他不会拍手称快吗？

当我们面对仇恨的时候应该用怎么样的心态？仇恨就像心中的一把利剑，很多时候我们做不到坦然地面对复仇。总是恨不得用这利剑手刃当初伤害我们的人。可是真的是这样的吗？复了仇就会让自己快乐起来了吗？用了太长的时候去仇恨，哪是那一刀可以解决得了的呢？在仇恨的岁月里，最痛苦的不是你憎恨的那个人，恰恰是你本身。在有限的生命里拿出多少时间来仇恨？那么分给了快乐和努力多少时间？原来，我们在自认为有计划、有谋略的等待中荒废了自己大好的时光。

当然，要宽恕一个侮辱过自己或伤害过自己的人，何谈容易？写过不少美妙幻想儿童故事的英国学者路易斯小时候常受凶恶的老师侮辱，心灵深受创伤。他几乎一生不能宽恕这位伤害过自己的老师，且又因为自己不能宽恕而感到困扰。然而在他去世前不久，他写信告诉朋友道："两三星期前，我忽然醒悟，终于宽恕了那位使我童年极不愉快的老师。多年来我一直努力想做到这一点，每次以为自己已经做到，却发觉还须再度努力一试。可是这次我觉得我的确做到了。"

和其他许多坏习惯一样，仇恨的习惯是难以破除的。我们通常要把它粉碎很多次，才能最后把它完全消灭。伤害愈深，心理调整所需的时间就愈长。可是久而久之，总会慢慢地把它消灭。

人要懂得宽恕众生，不论他有多坏，甚至他伤害过你，你一定要放下，才能得到真正的快乐。况且人难得在滚滚红尘中走一遭，又何必自寻那么多的烦恼呢？

当我们被仇恨的怒火蒙蔽理智的目光，天地也变得狭小了。以暴易暴，甚至伤及无辜，无异于将自己归为禽兽，不可取，上战者，不战而屈敌之兵。

仇恨是一个重担，只有放下这重担，才会如婴儿般初看这个世界。天主教里有七宗罪，仇恨是最重的也是最后的一条。心中有恨，永远不如心中有爱的人明净快乐。每一个人在面对仇恨时该有一种贵族精神，如果你不能不去恨一个人的话，那你就轻视他，直到轻视得连想都不愿意想起他，像一个贵族一样在他面前翩然转身。留下仇恨和那人像枯掉的树叶一样在身后烂掉、飘无。放下仇恨，因为你并不孤单，不要让爱你的人再担心！好好地生活是对爱你的人最好的回报。

心理解脱

心不能靠武力征服，而是要靠爱和宽容大度征服。如果一个人能原谅、宽容别人的冒犯，就证明他的心灵乃是超越了一切伤害。人生短暂，若是把时间和精力都花费在了对仇人的怨恨和恼怒上，实在是得不偿失。

3. 不作无谓的埋怨和惋惜

克劳斯曾经说过："有时候，忘记某个人对你的坏行为，与忘记他对你的好同样重要。"

有一个人，原本生活条件很不错，但是他有一个很不好的习惯：爱抱怨。

他好像从来就没有顺心的事。什么时候与他在一起，都会听到他在不停地抱怨。高兴的事抛在了脑后，不顺心的事总挂在嘴上。见人就抱怨自己的不如意。结果他把自己搞得很烦躁，同时也把别人搞得很不安。大家都对他避而远之。

你周围有没有这样的朋友？其实，他所抱怨的事也并不是什么大不了的事，而是一些日常生活中经常发生的小事情。

每个人都会遇到烦恼，但明智的人会一笑了之，因为有些事是不可避免的；有些事是无力改变的；有些事是无法预测的。能补救的应该尽力补救；无法改变的也就坦然面对，调整好自己的心态去做该做的事情。

有些人，每件不称心的小事都会长久地堆积在心里、挂在嘴上。自己的心态、情绪也因此变得很糟。在这样一种精神状态下，不难想象，他犯错误的概率自然要比别人高。许多新的烦恼又在后边等着他。他又开始新一轮的抱怨—沮丧—出错—倒霉……他自己还不明白：运气为什么总是这样差，那些能力不如我的人为什么干得总比我好。他们的运气总比我好？

"万事如意"是人们真诚的祝福，但那只是一个美好的祝愿而已，真正的生活不如意之事常常发生。

我们不可能保证事事顺心，但可以做到坦然面对，该放则放，不要把一些垃圾总堆在心里，把乌云总布在脸上，把牢骚总挂在嘴上。否则你自己会一直是个倒霉蛋，周围的朋友也觉着你烦人。

当你无力改变一些已经发生的事实时，你要学会忘记。

据说有一位心理学教师，一天给学生上课时拿出一个十分精美的花瓶，教师故意装出失手的样，花瓶掉在水泥地上成了碎片，这时学生中不断发出了惋惜声。教师指着花瓶的碎片说："你们一定对这个瓶子感到惋惜，可是这种惋惜也无法使花瓶再恢复原形。今后在你们生活中如果发生了无可挽回的事时，请记住这破碎的花瓶。"

这是一堂很成功的素质教育课，学生们通过摔碎的花瓶得到了：人在无法改变失败和不幸的厄运时，要学会接受它、适应它忘记它，而不要一味埋怨和惋惜。

"真倒霉，又塞车了"，"这鬼天气，又下雪了"，"可恶的主管明知我不擅长交际，竟然还把我派到业务组"……

有这样一个人：别人从来就没有从他嘴中听到他说过"今天真高兴"、"今天天气不错"等等这样让人心情轻松舒畅的话语。

每日每时，他都会有许多不开心的事，他总在不停地抱怨。其实，他所抱怨的事也并不是什么大不了的事。

而下面故事中那位服务员的心态，则是我们应该学习的。

用餐的客人问服务员："明天天气预报如何？"

服务员肯定地说："会是我喜欢的天气。"

客人不解地问："你怎么知道正好是你喜欢的天气？"

服务员回答说："我发现环境不是经常能如我意，所以，我便学习欢喜地去面对我所遇到的一切。因此，明天天气一定是我喜欢的。"

生活中，你的态度决定你的心情，影响你的健康，甚至改变你今天的机遇。

———————— 心理解脱 ————————

生活中不如意的事常常发生，我们不可能保证事事顺心，要坦然面对。凡事往好处想，不要把一些垃圾总堆在心里，把乌云布在脸上，把牢骚挂在嘴边。这样，就能使自己多一份愉快，少一份烦恼。

4. 走出心中自造的牢房

任何痛苦都是自找的，任何快乐也是自找的，幸福与否全在于一个人的心态。

要改变失败的命运，就要改变消极错误的心态。永远记住一念之差决定做事的成败。

有这样一个故事：凯丽鲁斯陪伴丈夫驻扎在一个沙漠的陆军基地里，她丈夫奉命到沙漠里去演习，她一人留在陆军的小铁皮房子里，天气热得受不了——在仙人掌的阴影下也是 51 摄氏度。她没有人可谈天，只有墨西哥人和印第安人，而他们不会说英语。她太难过了，就写信给父母，说要丢开一切回家去。她父亲的回信只有两行，这两行信却永远留在她心中，完全改变了她的生活。

两个人从牢中的铁窗望出去，一个看到铁窗，一个却看到星星。

凯丽鲁斯一再读这封信，觉得非常惭愧。她决定要在沙漠中找到星星。

凯丽鲁斯开始和当地人交朋友，他们的反应使她非常惊奇，她对他们的纺织、陶器表示兴趣，他们就把最喜欢、舍不得卖给观光客人的纺织品和陶器送给了她。凯丽鲁斯研究那些引人入迷的仙人掌和各种沙漠植物，又学习有关土拨鼠的常识。她观看沙漠日落，还寻找海螺壳，这些海螺壳是几百万年前、这沙漠还是海洋时留下来的……原来难以忍受的环境变成了令她兴奋、流连忘返的奇景。沙漠没有改变，印第安人也没有改变，但是这位女士的念头改变了，心态改变了。一念之差，让她把原先认为恶劣的情况变为一生中最有意义的冒险。她为发现新世界而兴奋不已。

当我们能够清醒地思考问题的时候，消极心态就开始害怕我们并且准

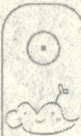

备逃遁了。只要我们找出造成消极心态的原因，就不难找出对策，有了对策，消极心态就会被我们控制而不是控制我们，就会被我们清除消灭而不是侵害消灭我们。

在一辆拥挤的公交车上，过道上站满了人。一对恋人面对面站着，从背面来看，女孩标致、高挑、匀称、活力四射，她的头发是染过的，是最时髦的金黄色。她穿着一条那个夏天最流行的吊带裙，露出香肩，是一个典型的都市女孩，时尚、前卫、性感。他们靠得很近，低声絮语着什么，这位高个子女孩不时发出欢快笑声。

他们大概聊到了电影《泰坦尼克号》，因为那女孩轻轻地哼起了那首主题歌。女孩的嗓音很美，把那首缠绵悱恻的歌处理得很到位，虽然只是随便哼哼，却有一番特别动人的力量。她的声音吸引了好多人的注意，可是当人们看到女孩的脸时，都惊讶得面面相觑。

原来，这个女孩的脸并不像人们想象的那样白皙美丽，那是一张触目惊心的脸——严重的烧伤。人们在惊讶过后，开始窃窃私语，有的人很美慕她的好心态，有的人很同情她的遭遇，还有些人对她很鄙视：这样的人居然能在众目睽睽之下肆无忌惮地欢歌笑语，真是想不明白！

女孩应该也能听见这些嘈杂的议论，但是她不为所动，依然旁若无人地哼着歌，然后高兴地下车，消失在人群里……

很多人听了这个故事后，都会有很大的感触，甚至会感慨："上帝是公平的，他给了女孩霉运的同时，也给了她一个好心态！"

在一个风调雨顺的年度，有两个农民都有不错的收成。但是，两个人的心情可是不一样的，其中一个兴高采烈，想如果再有几个这样的丰收年，自己岂不是也能成为富人；而另一个却不是这样想的，他觉得自己年复一年地耕作，尽管是这样的好年景还是没有多收多少，照这样的收成，自己什么时候才能成为一个富人呢？

这样，前者为了成为一个富人而高兴地、积极地劳动，活得开心快乐。而后者，却整日认为自己离富人太远而悲观、失望，活得痛苦不堪。

掌控人们心灵的不是上帝，而是自己。不要置心灵于自造的牢房，那样只能使自己束缚在痛苦的挣脱之中。世上没有绝对幸福的人，只有不肯快乐的心。人生充满了希望与快乐，如果掌握好自己的心绪，就能使自己

活得轻松快乐，这样也就达到了人生的目的。因为，人活着就是一种心态，有了好心态才能有好运气，才能支配自己的命运。

民国元老、著名书法家于右任饱经沧桑，几度沉浮，却一生淡泊，荣辱自安。常有友人问及他高寿之道，他总是指指客厅墙上高悬的字画，笑而不语。

那是一幅写意的莲花图，旁边是一副对联——上联：不思八九；下联：常想一二；横批：如意.常想一二，就是用心感恩，庆幸、珍惜人生中那如意的十之一二。然而，人生不如意事常十之八九。倘若心为物役、患得患失，就只会悲观绝望、窒息心智，因此对"八九"应"不思"之。"不思"即忘却，忘却不仅是一种大度、一种超脱，更是一种美德。

忘却是快乐之源。失意的时候，有了忘却，我们能泰然处之。在逆境中切不可自暴自弃，应知足，主动寻找乐趣，让整个身心在宁静之中充满欢乐。

忘却是明智之举。有了忘却，就不会在斤斤计较的情绪旋涡里迷茫和徘徊，心境便有了一份愉悦，对身心健康非常有益。

善于忘却的人，往往胸中装着大局，追求远大理想和未来，能够除却私心杂念，坦然面对人生。

从医学上探根求源，能够忘却的人能相对地保持心态平衡，使人体的神经系统、内分泌系统常处于一种有规律的缓释状态。因此，善于忘却之人的心脑血管和其他器官受刺激的次数也显著减少。气血中和则百病难生，这是擅忘却者多长寿的奥秘所在。

心理解脱

积极的心态就是从正面看问题，为自己定下做事目标而不断地进取。许多人难以成事，关键就在于一念之差，无法让自己走出消极心态造成的心理牢笼，很难以积极主动的态度做自己的事。

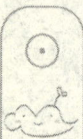

5.有一种毒药叫生气

怒气就像可怕的毒药一样，随时都可以夺去人的性命，从而酿成大祸。

在很多情况下，我们的情绪很容易受到外界环境的影响，只要有一点点不如意，或为了鸡毛蒜皮般的一件小事、一句无心之话、一个细微的动作，就大动肝火，怒不可遏。而在失去理智、不计后果地尽情发泄了怒气之后，很多珍贵的东西，就随着"气"烟消云散了。

众所周知，生气危害健康。生活中有些生气的人能把这种危害降到最低程度，有些人则一任"气"如脱缰野马，溃堤洪水，伤人又伤己。因此，不生气或少生气，才能给自己带来平安。但世上偏有一些"死心眼"的人，凡事生气，结果却被活活气死。

《三国演义》中，本想"只用一席话，管教诸葛亮拱手而降，蜀兵不战而退"的魏国军师王朗，结果却在诸葛亮的"三寸之舌"之下，给活活气死。诸葛亮三气周瑜的故事，更是尽人皆知，以致周瑜发出"既生瑜，何生亮"的长叹，最后因恼恨暴怒，口吐鲜血而亡。

俗话说："一碗饭填不饱肚子，一口气能把人撑死。"在现代社会中，也有很多人因生气、盛怒而身亡，国民党元老胡汉民就是一例。

胡汉民酷爱下象棋。1936 年 5 月 9 日，著名人士陈融在广州宴请胡汉民，酒席上有位名叫潘景夷的人也喜爱棋道。酒足饭饱之后，两人便开始对弈。两局下来，各自一胜一负，不分输赢。

胡汉民定要再下第三局以决胜负。两人进入残局时，胡汉民已颇占优势。不料，对方突然支起羊角士，炮打胡汉民的死车，局势骤然发生变化，胡败局已定。顿时，胡汉民大汗淋漓，脸色煞白，急恼交加，晕倒在地。三天后，因患脑溢血死去。

两人对弈，棋艺高则胜，低则败，如果棋力相当，则看临场发挥。不过，胜也好，败也好，终究是一项娱乐活动，过分计较以致伤身，也就失去了玩的本意，从哪方面看也不合算。

无独有偶，某媒体曾报道过一则"为300元生气，生病老汉拔掉针头拒绝进食竟饿死"的标题新闻。2002年10月5日上午，如皋市的六旬马老汉因旧病复发，被送到医院抢救。马老汉在昏迷中大小便失禁，儿子将脏裤子脱下，顺手扔到病房的角落里。老汉病体恢复后，被儿子接回家中调养。

一天，老汉突然向儿子要那条脏裤子，说里面有300多元钱。儿子好不容易在医院垃圾堆里找到那条裤子，但没钱。但老汉认为这钱被儿子和媳妇偷走了，一气之下，拔掉手上的针头，拒绝进食，任凭他人如何劝解也无济于事，每日只靠喝点水维持生命。几天之后，马老汉终于被饥饿活活折磨而死。

生气是人类负面情绪中的一种。人与人之间由于个体的差异，发生一些摩擦或误会是不可避免的，愤怒情绪的偶尔出现也属正常。但是，如果一个人经常生气、恼怒，或是郁闷、猜疑，就会使人的身心受到极大的损害。古人云："气大伤身"。《内经》中也有这样的记载："怒则气上，则伤脏，脏伤，则病起。"现代医学也证明，人在发怒时，体内的肾上腺素含量显著增高，交感活动性物质增加，促使小动脉收缩痉挛，从而导致血压升高。与此同时，发怒会使人体内肾上腺素含量增高，会导致心跳加快，耗氧量增加，冠状动脉痉挛，心肌缺血，心律失常等。另外，不加节制的愤怒还可以使人的食欲降低，消化不良，出现消化系统功能的紊乱。

愤怒往往会使人失去理智。在生活中，几乎很少有因为愤怒或是抱怨就能平息冲突和解决矛盾的；相反，很多事情之所以越办越糟糕，就是因为当时生气的原因。俄国文学家屠格涅夫劝告喜欢与人争吵、情绪易激动的人："在开口之前，先把舌头在嘴里转十圈。"因为愤怒就像一把双刃剑，在伤害他人的同时，也往往影响自己的心情，侵蚀自己的健康。

因此，控制愤怒，不生气，对任何人来说都非常重要。越王勾践

"卧薪尝胆"，才有"三千越甲可吞吴"的壮举；韩信忍受"胯下之辱"，日后才能统领百万雄兵；林则徐在公堂上高悬"制怒"二字，才能成为一代名臣。

　　然而，要控制自己的怒火，使自己不生气，却不是一件容易的事情，它是一个人以冷静战胜情感波动的过程。要想做到不生气，不仅需要有"将军额头能跑马，宰相肚里能撑船"的宽容大度，还需要有高超的技巧来管理自己的情绪。要想达到"心静如水"、"心平气和"的境界，首先就要陶冶自己的情操，不断提高自己的道德修养，用理智来"消灭"愤怒。

　　美国钞票公司的总经理伍德赫尔就想出了一种很好的办法，用来灭却自己心头常常升起的怒火。

　　伍德赫尔年轻的时候，在某公司做一个小小的职员。他很不开心，因为领导根本就不大重视他，而且他觉得自己提升迟缓。伍德赫尔有这种感觉已经很长时间了，但他知道如果自己表现得太明显，反而会引起上司不高兴。那么，伍德赫尔是使用什么办法来灭却心头之火的呢？下面是他的自述：

　　"有一段时期，我那种气愤、伤心的感觉非常的厉害，并且渐渐扩大，以致我觉得不得不离此而去。但是在我写辞职信之前，我去拿了一支笔和一瓶红墨水——因为黑墨水不足以发泄我强烈的愤怒，一坐下来把我对于公司中每个上级职员和经理的评判都写出来。我写得很不错，用了不少的形容词。然后我把这单子收起来，把我的气愤说给一个老友听。"

　　这个老友叫伍德赫尔，他另外拿了一瓶黑墨水来，把这些人的才能写出来，并把他自己所能做的事也写出来，同时计划在十年之中将如何提升自己的地位。然后他把这红黑墨水的两个单子互相比较，于是伍德赫尔的一切愤怒便都消失了。他冷静地分析了一下情况，决定仍旧在这里工作。"以后凡是我忍不住的时候，"伍德赫尔说，"我便坐下来把我所要说而不敢直说的话都写下来。这实在是一种很好的发泄方式。我写了之后，便觉得一身轻松。我把写的这些东西收藏起来，不给人看。一年一年之后，别人都晓得我有一种自制的能力。我劝告一般要管理别人的人，无论年轻年老的，都学着写这种红墨水纸条，以约束自己。"

纽约的电气大王爱德利兹也认为，把愤怒写在信上是灭却心头火的良方，因为它可以使你的情绪松弛一下。不过这种信要留一天再发出。尤其是你要用多一点的时间想一想这个重要的问题："我这种愤怒的言辞如果让对方知道了，会对我有什么结果呢？"反复权衡利弊后，你就有可能放弃这种不理智的行为。

茫茫宇宙，神秘莫测，生命个体的存在实属偶然。作家刘心武感慨：应该积极地消费人生，有滋有味地享受一切"琐屑的人生乐趣"。

几年前，由《南方周末》主办的"当代中国人书画展览"在广州举行，共展书法 80 幅、国画 52 幅。仅有的一幅油画和一幅水彩画，均是刘心武的手笔。"生活中有时要学会放弃，只有放弃了蝇头微利、蜗角虚名，放弃了应该放弃的'身外之物'，才能得人生之大乐趣"。刘心武找准了自己的位置，做一个纯粹的作家。他以买书、藏书、读书、写书为生，以文会友，闲时偕妻子吕晓歌，或沿护城河赏景，或去大商场购物。

刘心武之所以能够精力充沛地在文学百花园中辛勤耕耘，其重要原因就是加强了心理保健。关于心理保健，他兴趣盎然地谈了自创的六种操：

列表化解操：心乱时，在一张纸上先写一行大字："我为什么心乱？"然后列出三栏，分别写"最烦心的事""次之的事"和"小事"。列好后，从"小事"开始逐项化解，凡大体可以化解的，都用红笔划去；剩下的，自然要认真对待，虽一时化解不了，但心绪经过一番梳理，也就坦然多了。

自寻小乐操：遇到无聊提不起神来做正事时，就先找些有趣的小事来做，例如用湿棉球给盆栽植物洗涤叶面之类。"在琐屑的小乐趣中，无聊感便渐渐消失"。

回忆美景操：心里淤着浊气时，就到沙发或床上取最舒适的姿势，在轻柔的乐曲声中，闭目冥想，"让名山大川的美妙镜头将淤积圆塞的浊气涤尽"。

无害宣泄操：心中窝着恶气，搞不好会爆发。可将平时准备好的废纸使劲撕扯或选择适当地点将已破损的旧瓷盘之类砸碎。

自嘲操：因扬扬得意而心理状态发生偏斜时，可以适当自嘲，有种方法叫"对镜自嘲"。人在自嘲中，失去的是虚荣，获得的却是清醒。

走向混沌操：小肚鸡肠时，使用此操加以调整。"拿起一本或唐诗或宋词，随手翻开，目过口诵，摇头晃脑，以抹去萦绕于心的那些过于细腻的算计"。

生活中，谁要是把"忍耐和自制"这两个词牢记在心间，并以此为指导和准则，谁就一生无灾无祸，过着安宁的生活。当然，要随时灭却心头之火并不容易，因此，需要遇事冷静，要保持平衡的心态。当心头火起时，就要努力控制好自己的情绪，然后平和起来，保持镇静，以准备大事临头时应付，因为大事是要极大的自制力的。

二、再苦也要笑一笑

　　苦难是一种财富，危机就是转机，若没有苦难，我们会骄傲；没有挫折，成功不再有喜悦；没有沧桑，我们不会有同情心，因此，不要幻想生活总是那么圆满，人生四季不可能总是春天。重要的是面对人生的挫折和烦恼，我们要摆正心态，积极面对一切，再苦再累，也要保持微笑。笑一笑，你的人生才能更美好。

1. 痛苦是通往天堂的梯子

痛苦就像一架梯子，对于强者来说，它通向成功的殿堂，对于弱者来说，它则通向黑暗的地狱。

人之所以痛苦，是因为追求了错的东西。所以说，人的痛苦都是自己一手造成的，其实，人生短暂，何必执意地追求错的东西，执意地追求痛苦呢？

人生就是痛苦和幸福的综合体，每一个人都摆脱不了痛苦。痛苦是一种折磨，同时又是一种力量。舒适、悠闲远不如坎坷与磨难更能锻炼人，更能发挥人的长处。痛苦造就人的禀赋，痛苦也磨炼人的禀赋，痛苦更能教人靠耐心和韧劲，从苦难之海中顽强跋涉出来。

一个男孩，他的家住在沙尘风暴地带，他的父母，一生都在为生存而与风暴及干旱奋斗。

自从他的父母过世之后，男孩便担负起全家的生活重担。直到有一天，他和妹妹实在到了山穷水尽的地步，没有农作物可以收割，粮仓里一无所有，他们就要饿肚子了。男孩只能眼望着农舍屋顶上的落尘默默地发呆。忽然，他8岁的小妹妹开门走进来，身旁还跟着一个她的好朋友。

"哥哥，你可以给我十美分吗？"她渴望地问道，"我们想到店里去买些饼干吃。"

男孩子久久说不出话来——因为他想不出一个理由来拒绝妹妹的请求。他搜遍了全身的口袋也找不到妹妹要的十美分。

"妹妹，非常对不起。"他温和地说道，"我没有十美分。"当天晚上，男孩子翻来覆去睡不着觉，因为他永远也忘不了妹妹脸上失望的表情。有生以来，他经历过不少打击：双亲去世、工人离职、沙尘暴的袭击……但没有一次像今天这样——他居然没有十美分可以满足自己年幼的小妹妹……这么微小的要求……难道自己连这么一点要求也无法满足她吗？男孩子想了许久，就在天色将亮的时候，他终于下定了决心，并想好了整个计划。

男孩子一直想当一名教师。但是自从双亲过世之后，他以为自己最好留在家里，以担负起农场的工作。但是，眼见农场一次又一次地受到沙尘暴的摧残，使他不得不考虑从事其他的工作。于是第二天，他到镇上给自己找了一份临时工作，从那时起，他借来许多书，每天都认真研读到深夜，以准备有朝一日能得到他真正想要的工作——当一名教员。他后来终于在一间乡村学校找到教职。由于他不懈努力，不但终能如愿以偿，也赢得了邻居的赞美与尊敬。

美国巴拉州有一个叫杰森的小男孩，在他10岁患了脑癌，已经动过三次大手术并进行了数十次电疗。主治医生认为他的病情不容乐观，但是杰森却勇敢面对他的绝症。他喜欢画画，即使在病床上，他也坚持作画，他的作品曾经数次获得全国大奖。为了在生前开第一次也许是最后一次个人画展，他每天都抽出4个小时绘画。他说："我一定要坚持活下去。贝多芬不是在耳聋后，仍创作出美妙的《月光曲》吗？"

经过多次化疗后，杰森的视力持续衰退，耳朵开始溃烂，但是他的画展依然如期开幕了。杰森因为手术无法亲临现场，只能请一位同学代念了一封他写的信。他在信中是这么说的："我会好起来的，我相信我一定会好起来的。痛苦虽然很可怕，但我现在已经学会习惯它了。正是痛苦让我知道了人生的宝贵，我将努力珍惜以后的时光。"

勇敢的杰森已直接在脑袋上开过三次刀。他在第三次手术时，主动要求不要麻醉药，因为癌症带来的痛苦远超过开刀的痛苦。面对坚强的杰森，不由得让人肃然起敬。

人一旦超越了痛苦，痛苦就不再是牵绊，而是一种伟大的力量。

高尔基一生历经坎坷，吃了不少苦，也收获了不少人生阅历，充实的人生经历为他的成就打下了基础。回顾往事的时候，高尔基说道："一个人如果没有他吃不了的苦，那么就没有他做不成的事情。"人如果能正视苦难，是一种人生的豪迈。善待苦难，苦中作乐，是一种人生的乐趣！

一天，一棵小树上有一只茧蠕动，正巧被一个小孩看到了。好像有飞蛾要从里面破茧而出。小孩觉得很好奇，于是他饶有兴趣地停下来，准备见识一下由蛹变飞蛾的过程。

但随着时间一点点过去，飞蛾在茧里奋力挣扎，但却一直不能挣脱茧的束缚，似乎是再也不可能破茧而出了。小孩子变得不耐烦了，心想，我干脆帮它个忙吧。于是，他就用一把小剪刀，把茧上的丝剪了一个小洞，让飞蛾摆脱束缚容易一些。果然，不一会儿，飞蛾就从茧里很容易地爬了出来，但是它身体非常臃肿，翅膀也异常萎缩，牵拉在两边伸展不起来。

小孩想看着飞蛾飞起来，但那只飞蛾却只是跌跌撞撞地爬着，怎么也飞不起来，又过了一会儿，它就死了。这是因为飞蛾在由蛹变成幼虫时，翅膀萎缩，十分柔软；在破茧而出时，必须要经过一番痛苦的挣扎，身体中的体液才能流到翅膀上去，翅膀才能坚韧有力，才能支持它在空中飞翔。

不经历痛苦的洗礼，飞蛾脆弱不堪。人生没有痛苦，就会不堪一击。正是因为有痛苦，所以成功才那么美丽动人。

心理解脱

痛苦，是一个炼钢的火炉，让你更加坚强；痛苦就像飞翔的翅膀，让你更接近梦想。生活中，因为有灾患，所以欢乐才那么令人喜悦；因为有饥饿，所以佳肴才变得那么美味。正是因为有痛苦的存在，才越能激发我们人生的力量，使我们的意志更加坚强。美国作家亨利·曼肯说："如果你想幸福，有一件事情非常简单，就是与那些不如你的人，比你更穷、房子更小、车子更破的人相比，你的幸福感就会增加。"

2. 挫折是成功的入场券

当失败挫折来临的时候，一定要选择坚强，因为永远要记着"失败是成功之母"，挫折是成功的入场券。

芸芸众生，不论是谁，没有哪位一生都是一帆风顺的，都会在人生的道路上遇到过大大小小的挫折。盖文王拘而演《周易》；仲尼厄而作《春秋》；屈原放逐，乃赋《离骚》；左丘失明，厥有《国语》；孙子膑脚，兵法修列；不韦迁蜀，世传《吕览》；曹雪芹满腔辛酸撰写《红楼梦》；贝多芬则用苦难谱写出了震撼人心的《第九交响曲》……

无数的史实和社会实践证明：挫折几乎伴随着人的生命的全部过程，于不经意间绊你一个或大或小的跟头，使你备感焦虑，甚至失意彷徨，难以自拔。但是，如果我们已经处在了挫折之中，最好的态度就是正确面对，尽可能地消除挫折带给我们的伤痛，大可不必因为今天的太阳已坠落西山，就不再向往明日东升的曙光。要紧的是心不烦、意不乱、有自信，并走出挫折的阴影。

直面挫折，我们也许会劳作多于收获，付出多于所得，但不要忘记给自己一个绿色的希望，勇敢地开辟出一块属于自己的天地，不管有多么荒凉和贫瘠，哪怕只有一株小草，只要是属于自己的，那么就要相信在这块土地上一定会迎来绚丽的春色！

直面挫折，不仅要有一份"千磨万击还坚劲"的雄心，更要有决不可以一时之波澜，自毁其壮志的信念。挫折面前，最要紧的还是要与自己斗，"天行健，君子以自强不息"，只要拿出不畏艰难、勇于超越自我的勇气，即使是所谓的弱者，也能最终实现属于自己的梦想。只要还有希望，就不要轻言放弃目标，站起来，继续向前走，因为人生旅途毕竟买不到返程票。

在人生的不断追求中，往往我们的一些需求受阻，持续性地不能得到满足或部分满足，从而就产生了挫折，人的一生就是在不断克服前进中的种种阻力，不断达到既定目标的过程，因此，挫折对任何人来说，都是正常的现象。

从另外一个角度来说，挫折也是另一种财富，是走向成功的入场券，因为战胜挫折所取得的经验是走向成功的礼物，在与挫折斗争中积累和激发的坚强是人生奋进的食粮。逆境成才就是这个道理；好钢总是需要锻炼，温室里花儿无法漂洋过海走四方。

现实生活中，每个人都会面临各种各样的挑战和挫折，这时候你能承受挫折的能力大小，就是你未来的命运。成功不是一个海港，而是一次埋伏着许多危险的旅程，人生的赌注就是在这次旅程中要做个赢家，成功永远属于不怕失败的人。

有一天，一个博学的人遇见上帝，他生气地问上帝："我是个博学的人，为什么你不给我成名的机会呢？"上帝无奈地回答："你虽然博学，但样样都只尝试了一点儿，不够深入，用什么去成名呢？"

那个人听后便开始苦练钢琴，后来虽然弹得一手好琴却还是没有出名。他又去问上帝："上帝啊！我已经精通了钢琴，为什么您还不给我机会让我出名呢？"

上帝摇了摇头说："并不是我不给你机会，而是你自己没有抓住机会。第一次我暗中帮助你去参加钢琴比赛，你缺乏信心，第二次缺乏勇气，又怎么能怪我呢？"

那人听完上帝的一番话后，又苦练数年，建立了自信心，并且鼓足了勇气去参加比赛。他弹得非常出色，却由于裁判的不公正而被别人占去了成名的机会。

那个人心灰意冷地对上帝说："上帝，这一次我已经尽力了，看来上天注定，我不会出名了。"上帝微笑着对他说："其实你已经快成功了，只需'最后一跃？'他瞪大了双眼。

上帝点点头说："你已经得到了成功的入场券——挫折。现在你得到了它，成功便成为挫折给你的礼物。"

这一次那个人牢牢记住上帝的话，他果然成功了。

如果将幸福、欢乐比做太阳。那么，不幸、失败、挫折就可以比做月亮。人不能只企求永远在阳光下生活，在生活中从没有失败和挫折是不现实的。挫折是成功的入场券，能使人走向成熟，取得成就，但也可能破坏信心，让人丧失斗志。对于挫折，关键在于你怎么看待。

山里住着一户人家。父亲是个经验丰富的老猎手，在山里闯荡了几十年，猎获野物无数，走山如履平地，从未出过事。然而有一天，因下雨路滑，他不小心跌落山崖。

当两个儿子把父亲抬回了破旧的家的时候，他已经快不行了，弥留之际，他指着墙上挂着的两根绳子，断断续续地对两个儿子说："给你们两个，一人一根。"还没说出用意就咽了气。

掩埋了父亲之后，兄弟二人继续打猎生活。然而，猎物越来越少，有时出去一天连个野兔都打不回来，两人的日子艰难地维持着。一天，弟弟与哥哥商量：

"咱们干点别的吧！"哥哥不同意："咱家祖祖辈辈都是打猎的，还是本本分分地干老本行吧。"

弟弟没听哥哥的话，拿上父亲给他的那根绳子走了。他先是砍柴，用绳子捆起来背到山外换几个钱。后来他发现，山里一种漫山遍野的野花很受山外人喜欢，且价钱很高。从此，他不再砍柴，而是每天背一捆野花到山外卖。几年下来，他盖起了自己的新房子。

哥依旧住在那间破旧的老屋里，还是过着打猎的营生。由于常常打不到猎物，生活越来越拮据，他整天愁眉苦脸，唉声叹气。一天，弟弟来看哥哥，发现他已经用父亲留给他的那根绳子吊死在房梁上。

有的人在困难面前选择了坚强；有的人选择了退缩，幸福永远都不会同情弱者，在挫折面前倒下的人也只有死路一条。

生活如海，人生如潮。花，有开有谢；潮，有涨有落；月，有阴晴圆缺；季，有春夏秋冬。亲爱的朋友，当你在工作、生活中遇到困难和挫折时，请接受我一瓣问候的心香。

阳光无惧高山的阻挡而进出万道金线；松柏无惧严冬的风霜而显现出醉人的魅力；山花无惧岩石的挤压而灿烂开放。万事万物常常不畏环境和条件的恶劣而更加显出自身的坚强、抗争和锐意进取的风采。敢于逆流而上才是我们民族的精神。

请把明媚的阳光种在心田上，让它催生出一片片希望的森林；请把春天的鸟鸣融入脑海里，让你心中泛起不息的欢快波涛。当你在工作、生活中沐浴辉煌时，请接受我一颗和你同样心跳的祝福。

我知道你有一颗永不满足的红心，有一双永不停步的脚。你的字典里永远没有浮躁、自满、狭隘与保守的字眼；你朝朝暮暮寻寻觅觅的只是"待到山花烂漫时，她在丛中笑"那种境界。

心理解脱

人的一生不可能一帆风顺。挫折失败，是人生中必然的过程与代价。只有经过挫折的考验，人才能展翅高飞，走向成熟。

3. 羞辱是人生的一门必修课

羞辱是人生道路上的一种力量，他能使弱者更弱。亦能让强者更强。

中国有一句老话："良言一句三冬暖，恶语伤人六月寒。"有时发自内心的赞同或者是鼓励像一剂良药，最能治愈一个因偶尔失误而受伤的心灵，而与之相对的不够聪明友善的行为，则是莫名的指责抱怨和无端的羞辱。

有时羞辱是一门必修课，生活源源不断地在制造羞辱，没有哪个人能一生不遭到羞辱，这是永恒的命题，但是比这更重要的是我们对待羞辱的态度，有人一辈子被羞辱淹没，自暴自弃；而有些人则因羞辱而奋发，成就一番功名，后者做了人生的强者。

羞辱有时是一句鞭策自己的珍贵赠言，所以我们要钦佩并感谢那些勇敢者，当他们直面羞辱这一门人生必修课时，用人性的执著和追求超越那些停留在羞辱表面的脆弱，我们应该向另一种能够打动人心的高贵境界进发。无论到任何时候，我们都不要熄灭心中那盏灯。

战国时期有个政治家叫苏秦，早年一直得不到赏识。一次去秦国游说失败后，苏秦落魄到了极点，回家还受到全家人的白眼。妻子不从织机上下来迎接，嫂子不给他做饭，父母不跟他说话，苏秦非常伤心。但面对这样的打击和羞辱，苏秦既不怨天，也不尤人，只是重重地叹了口气："妻子不把我当丈夫，嫂子不认我这个小叔子，父母不把我当儿子，都是秦的过错啊。"从此以后他闭门自学，头悬梁，锥刺股，刻苦读书。

后来，苏秦身佩六国相印，再次回家的时候，他家人听说苏秦要回来，把路扫得干干净净，准备了丰盛的酒宴，特地赶到洛阳城外30里的地方，跪着迎接他。妻子不敢正眼看他，侧着耳朵听他说话。嫂子更是匍匐在地像蛇那样爬行，行四拜大礼跪地谢罪。父母更是嘘寒问暖，热情得不得了。苏秦看到这情景，前后对比，不由百感交集地说："唉！同是一个苏秦，穷困的时候，没人理睬，父母也不把我当儿子，妻子不把我当丈夫看待。如今我居官富贵，他们都来捧我，如此奉承于我。人生在世，对权势、金钱、名利又怎能不追求呢？"

20世纪80年代，年逾古稀的曹禺已是海内外声名鼎盛的戏剧作家。有一次美国同行阿瑟·米勒应约来京执导新剧本，作为老朋友的曹禺特地邀请他到家里做客。

吃完午饭后，曹禺突然从书架上拿来一本装帧讲究的册子，上面裱着画家黄永玉写给他的一封信，曹禺逐字逐句地把它念给阿瑟·米勒和在场的朋友们听。

这是一封措辞严厉且不讲情面的信，信中这样写道："我不喜欢你解放后的戏，一个也不喜欢。你的心不在戏剧里，你失去伟大的通灵宝玉，你为地位所误！命题不巩固、不缜密、演绎分析也不够透彻，过去数不尽的精妙休止符、节拍、冷热快慢的安排，那一箩筐的隽语都消失了……"

阿瑟·米勒后来详细描述了自己当时的迷茫："这信对曹禺的批评，用字不多却相当激烈，还夹杂着明显羞辱的味道。然而曹禺念着信的时候神情激动。我真不明白曹禺恭恭敬敬地把这封信裱在册里，现在又把它用感激的语气念给我听时，他是怎么想的。"

阿瑟·米勒的不理解是可以理解的。毕竟把别人羞辱自己的信件装裱起来，并且满怀感激地念给他人听，这样的行为太过罕见，很难让人接受。但阿瑟·米勒不知道的是：在这种"傻气"的举动中，透露的是曹禺对"羞辱"的真诚的感激。这样的"羞辱"对他而言已经是一笔鞭策自己的宝贵财富，所以他要当众感谢这一次"羞辱"。

心胸狭窄的人把羞辱变成心理包袱，而豁达乐观的人则会把它看作是"激励"的别名。所以，你应该感谢人生道路上的羞辱：是它刺激你用执著战胜了自己内心深处的失败感。感谢羞辱，你才能从羞辱中提炼出自身的短处与缺陷；感谢羞辱，你才能用羞辱激励完善自我……羞辱是人生道路上一种伟大的力量，它能击垮弱者，更能成就强者，曹禺就是最好的佐证。感谢羞辱，你的斗志和毅力才能得以升华。

心理解脱

当一个人遭遇羞辱的时候，千万不要直面反击，因为反击是最疲软无力的。只有通过自己加倍地努力获得成功，才是对羞辱最有效的反击。当你有一天功成名就，衣锦还乡时，你就会明白，羞辱只不过是人生路上的一种催化剂，它会带给你奋进的力量，促你前行，助你成长。羞辱是人生的一门必修课。

4.再苦也要笑一笑

聪明的人会在逆境中学会微笑，因为，逆境中的微笑是可以让人心平气和，不急不躁，能让人仔细分析所处的困境，理清思路，找出出路，顺利渡过难关。

前些日子，电视台报道了一则有趣的新闻：深圳有个"大笑俱乐部"，每天清晨，成千上万的上班族和离退休老人，自发地聚集在广场上，在"笑长"指挥下，开怀大笑。在笑声中驱散胸中的郁闷，缓解工作的压力，松弛生活中绷紧的神经。据说，效果极佳。于是，愈来愈多的人加入了这个行列。

快乐，是一把开启美丽心境的神奇钥匙，是人生之旅不可或缺的高尚境界，是一种超凡脱俗的智者情怀，也是善待生命、健康长寿的法宝。人人都有快乐的向往与依恋，快乐无处不在。问题在于你能否感知它，珍惜它，用心去收藏。革命家有追求真理的快乐；科学家有创造发明的快乐；画家有寄情山水的快乐；老人有淡泊宁静的快乐；普通百姓有丰衣足食的快乐……当然，也还有告别苦难之后含泪的快乐。我们在日常生活中，读书看报、品茶聊天、游山玩水、养花垂钓、集邮作画、唱歌跳舞、学电脑、打门球、搓麻将，等等，都能让自己如醉如痴，快乐无比。

英国作家萨克雷说得好："生活是一面镜子，你对它笑，它就对你笑；你对它哭，它也对你哭。"只有心中充满阳光的人，才能真正感受人间的快乐与温暖。快乐，永远属于心灵美丽、慈爱善良、心胸豁达的人。那些终日忧心忡忡，遇事耿耿于怀、小肚鸡肠、私欲膨胀的人，快乐与他们无缘。至于那些攫取国家财富不惜铤而走险的贪官，那些冷酷无情、杀人越货的社会渣滓，他们活得并不自在，无时无刻不心惊肉跳，惶惶不可终日。这种人，哪能获得丝毫的快乐？

快乐是生命的支点，快乐是人生的财富，快乐是心中的彩霞。永远不要自惭形秽，永远不要哭丧着脸。扫除心中的阴霾，痛饮灿烂的阳光，尽情地品尝生活的恬淡和心灵的自由。

人们都希望自己的生活能够少一些痛苦，多一些快乐。多些顺利少些挫折，可是命运却似乎总爱捉弄人，总是给人们带来更多的失落、痛苦和挫折。

人生在世，谁都会遇到厄运，适度的厄运具有一定的积极意义，它可以帮助人们驱走惰性，促使人奋进。因此，厄运又是一种挑战和考验。我们的生活因为有了厄运才会变得丰富而多彩，我们的性格因坎坷而锤炼得成熟。厄运来临——向厄运挑战——在战斗中升华自己，这就是逆境与厄运的意义所在。

人生重要的不是拥有什么，而是经历了什么，任何坎坷的经历都是一种宝贵的人生财富。

英国哲学家培根说过："超越自然的奇迹多是在对逆境的征服中出现的。"关键的问题是应该如何面对厄运与不幸。

最高的境界是在逆境中学会微笑。

要在逆境中学会微笑却相当不易……挫折、成功、失败，有几个人能看透？又有几个人能够做到从容？

加利福尼亚大学的诺曼·卡滋斯教授，四十多岁时患上了胶原病，医生说，这种病康复的可能性是五百分之一。他照着医生的话，经常看滑稽有趣的文娱体育节目，有的节目使他捧腹大笑，有的节目使他从心底发出微笑。他除了看有趣的节目，平日里还有意识地与家人开开玩笑。一年过去了，医生对他进行检查，发现降低了五个小数点。两年以后，他身上的胶原病自然消失了。后来，他撰写了一本书，书名叫《五百分之一的奇迹》。书中说："……如果消极情绪能引起肉体的消极化学反应的话，那么，积极向上的情绪可以引起积极的化学反应……平和、爱、希望、信仰、笑、信赖、对生的渴望，等等，也具有医疗价值。"

每天清晨，在印度孟买的一些大公园里，可以看见许多男女老少站成一圈，一遍又一遍地哈哈大笑，这是在进行"欢笑晨练"。印度的马丹·卡塔里亚医生在国内外开设了150家"欢笑诊所"，人们可以在诊所里学到各种各样的笑："哈哈"开怀大笑；"吃吃"抿嘴偷笑；抱着胳膊会心微笑……用以治疗心情压抑等心理疾病。产生意想不到的效果。

正像卡耐基所说：

给予别人不会减少，而得到的极为丰富；

不论怎样一个大富豪，没有它无法生存；

不论怎样一个穷光蛋，因为有它而变得富有；

是给家庭带来幸福的友好的信号；

是疲惫者的休养，是失意者的光明；

是悲伤者的太阳，是烦恼者的天然解毒剂；

你买不到，你偷不到，你强取不到；

只有无偿地给予，才产生价值。

哲人说："快乐地微笑是保持生命健康的唯一药物，它的价值千百万，但却不要花费一分钱。"所以，每个人都应该学会笑。逆境中的微笑可以让人心平气和，不急不躁，能让人仔细分析所处困境，理清思路。找出解决办法，顺利渡过难关。从心理学的角度来讲，在不利的局面下能保持微笑会给竞争对手造成极大的心理压力，此时的微笑会让对手心惊胆战，不寒而栗。顺境中的微笑也可以让人保持心态平静，戒骄戒躁，可以让人看到阳光道上的陷阱，看清鲜花丛中的荆棘，使人头脑清醒，继续勇往直前。

生活中，有太多令人哭笑不得的事。如果让我们选择，我们应毫不犹豫地舍哭取笑！笑可以显示你的信心，笑也是驱赶忧愁、除去烦恼的最佳武器。

笑是一种锐不可当的利剑，没有其他粗言秽语比嫣然一笑更能使你的冤家对头心如刀割的了。因此，对付侮辱的最有效方法就是淡然一笑。

如果你的人生中能充满微笑，那么还有什么困难是不能克服的呢？生气的时候，请微笑；烦恼的时候，记住微笑；面对他人辱骂的时候，也不要忘了微笑……

一个乐观的人，在生活中能笑看输赢得失，而不会只看最终的胜负。生活中随时都会有狂风大作，乱石横飞，无论是哪块石头砸着你，你都应有迎接厄运的气度和胸怀。在漫漫旅途中，失意并不可怕，受挫也无须忧伤。只要心中的信念没有萎缩，只要自己的季节没有严冬，即使风霜苦雨，即使大雪纷飞，人生之旅也不会为之中断。

艰难险阻是人生对你另一种形式的馈赠，坑坑洼洼也是对你意志的磨炼和考验。落花在晚春凋零，来年又灿烂一片；黄叶在秋风中飘荡，春天又焕发出勃勃生机。这何尝不是一种乐观，一种洒脱，一份人生的成熟与练达，一种至高的生活境界呢？

心理解脱

不论阴云密布，不论阳光灿烂，都让我们时时刻刻学会微笑。微笑是如此简单，人人皆有；微笑是如此重要，可以治心；微笑是如此有益，助人成事。微笑是人生的一种境界，我们始终要保持。

5. 苦难里面有黄金

没有苦难，就无法知道危险的存在，不经历浪涛，就不会达到理想的彼岸。苦难只是暂时的，终会有苦尽甘来的那一天。

人生在世，没有哪个人会希望苦难降临到自己身上，除非他缺乏人的本性。但苦难并不会因为我们的意愿而转移，它会不时地降临到我们每一个人的头上。这个时候我们会受尽苦难的折磨，甚至开始怀疑自己、怀疑生活，甚至开始痛恨自己和生活本身，但苦难也并不会因为我们的哀求而退却，反而变本加厉。这时我们多希望能有个开关把苦难关闭，但很多时候我们找了很久都没有找到这样的一个开关，这样有时会使我们几近崩溃的边缘。

虽然苦难折磨着我们，但正是因为苦难的存在才教育着我们，如果生活本身就是一本无字的书的话，那么它的深刻内涵正包含在苦难之中。正是苦难教会了我们要懂得珍惜；也正是苦难才使我们变得坚韧；正是苦难使我们变得成熟；也正是苦难才使我们发现本来的自己。

有一位功成名就的企业家，他在40岁之前，一直穷困潦倒，家徒四壁，没有人看得起他，包括他的妻子。然而他没有因此就放弃希望。最后，他只身下海，从小本生意开始，在短短的十年内，就把一家手工作坊扩张成了资产达亿元的私营企业。

有些记者对他说："凭借着您这样的头脑与智慧，如果你出生在大城市里、受过良好的教育，那么，你的成就肯定会更大，至少会超过现在。"

他沉默了一会儿，说："也许可能。但我相信，如果我不是生活在农村，没有经受过那么多苦难，而像现在城市人一样有衣穿，有房住，有人看得起，我会心安理得地过下去，绝不会开办自己的家庭作坊。从这个意义上说，我要感谢生活。"

苦难并不意味着永远苦难，幸福也并不意味着永远幸福。人们最出色的工作以及一些奇迹往往是在逆境中做出的，思想上的压力甚至肉体上的痛苦，都可能成为精神上的兴奋剂。

美国有家机构曾经对1000位富翁做了抽样调查，结果发现，他们大都出生在普通人的家庭，甚至有一部分少年是在黑人区里度过的。生活有时真的像魔术，会变幻出令人难以置信的结果。

宾夕法尼亚州匹兹堡有一个34岁的女人，刚开始，他们一家人过着平静、舒适的中产阶层的家庭生活。但是，她突然连遭四重厄运的打击：

丈夫在一次事故中丧生，留下两个小孩；没过多久，大女儿被烤面包的油脂烫伤了脸，医生告诉她伤疤终生难消；她在一家小商店找了份收银员的工作，可没过多久，这家商店就关门倒闭了；丈夫给她留下了一份小额保险，但是她耽误了最后一次保费的续交期，因此保险公司拒绝支付保险合同。

在遭遇了这一连串不幸事件后，女人几乎绝望了，感觉生活一点盼头都没了，一个完整美好的家庭就这样支离破碎了，她甚至想到自杀，可是自己死了，孩子们怎么办呢？

她左思右想，为了自救，她决定再做一次努力，尽力拿到保险补偿。在此之前，她一直与保险公司的下级员工打交道。当她想面见经理时，秘书小姐告诉她经理出去了，其实这只是一个借口罢了。但是她不知道。站在办公室门口无所适从，就在这时，秘书离开了办公桌。机遇来了。

她毫不犹豫地走进里面的办公室；结果，看见经理独自一人在那里。经理很有礼貌地问候了她，她因此受到了鼓励，沉着镇静地讲述了索赔时碰到的难题。经理派人取来她的档案，经过再三思索，决定应当以德为先，给予赔偿，虽然公司没有承担赔偿的义务，工作人员按经理的决定为她办了赔偿手续。

但是，由此引发的好运并没有到此中止。

经理尚未结婚，对这位年轻的妇人一见倾心，几星期后，他为她推荐了一位医生，医生为她的女儿治好了病，脸上的伤疤被清除干净；经理通过在一家大百货公司工作的朋友给她安排了一份工作，这比以前那份工作

解脱的人生不寂寞

好多了；不久，经理向她求婚。几个月后，他们结为夫妻，而且婚姻生活相当美满。

人们常说："乐极生悲。"其实，按照物极必反的规律来看，"悲极"也能"生乐"，不幸到了极点就必然向美好的一面转化，终会有苦尽甘来的那一天。

肯德基炸鸡的创始人哈兰·桑德斯早期经营了一家汽车加油站，但好景不长，受经济危机的影响，加油站倒闭了。经济危机过后，他又重新开了一家带有餐馆的汽车加油站。但是，一场无情的大火把他的餐馆烧了。

沉重的失败打击并没有使他一蹶不振，相反，他建立了一个比以前规模更大的餐馆，生意非常红火。但是好运总是和他背道而驰，因为附近另外一条新的交通要道建成通车，餐馆前的那条道路因而变得背街背巷，顾客也因而剧减，于是，他的餐馆不得不再次关门。

经过多次的失败和痛苦之后，桑德斯最后决定放弃开餐馆的想法，把他保留的极为珍贵的专利——制作炸鸡的秘方卖掉。他专售给各家餐馆制作炸鸡的秘诀——调味酱，每售出一份炸鸡他将获得5美分的回报。

过了几年，出售这种炸鸡的餐馆遍布美国及加拿大，共计400家。到了2007年，肯德基炸鸡连锁店共计扩展到10000多家。

桑德斯终于获得了成功，他的人生得到了充实。如果当初他意志消沉，或者抱着一棵树不放，经历数次失败后，难免意志消沉，怎么可能有今天的辉煌。

心理解脱

苦难并不可怕，可怕的是你没有认识到苦难本身蕴涵着无尽的契机，更可怕的是当你面临苦难的时候失去信心而意志消沉。苦难就像减法，它可以减去你所有的一切，包括生命，也可以增加你无穷的力量，帮你实现心中梦想。

三、烦恼都是自找的

　　每个人都曾有过烦恼或正在经历烦恼，事实上，这些烦恼都是我们自找的。正如有些人总是抱怨别人对自己不公平，牢记着别人有多少次对自己态度不好，老把注意力集中在那些所谓吃亏的事情上，这种消极的思想方法就会给自己制造出无穷的烦恼。烦恼就是庸人自扰，是轻松生活中的一颗"毒瘤"，是快乐人生路上的绊脚石。你可以寻找甜蜜的爱情，你可以寻找美好的生活，但你决不可以自寻烦恼。

1. 烦恼都是自找的

人心很容易被种种烦恼和物欲所捆绑。那都是自己把自己关进去的，是自投罗网的结果。

每个人都曾有过烦恼或正在经历烦恼，事实上，这些烦恼都是我们自找的。一个浮躁的人往往乐于自寻烦恼。你可以寻找甜蜜的爱情，你可以寻找美好的生活，但你决不可以自寻烦恼。

每个人都有七情六欲和喜怒哀乐，烦恼也是人之常情，是人人避免不了的。但是，由于每个人对待烦恼的态度不同，所以烦恼对人的影响也不同，通常人们所说的乐天派与多愁善感型就是显然的区别。乐天派的人一般很少自找烦恼，而且善于淡化烦恼，所以活得轻松，活得潇洒；而多愁善感的人喜欢自找烦恼，一旦有了烦恼，忧愁万千，牵肠挂肚，离不开，扔不掉，活得有些窝囊。

其实，人生的大多数烦恼都是自找的，本来就没有烦恼，或者说原本就不是烦恼。例如，当了几年处长之后就想当局长，结果提了一个资历比自己差很多的人上去了，你肯定不高兴，其实你所处的位置不知有多少人羡慕着，再说局长有局长的烦恼，而且局长的烦恼未必少。还有的人为钱而烦恼，有了一万想两万，有了两万想三万……还是烦恼，可惜你除了想过钱多有钱多的得意，有没有想过钱多有钱多的烦恼，钱少的或许没有钱多的那么神气，但钱少的也没有钱多的那么多担忧，平民小户没有大富人家对盗贼绑架的担心，恐怕也少有为争夺家产使兄弟反目，甚至相残的悲哀。

如果因为自己不顺心而烦恼，那是不明智的做法，也是对自己不负责任的做法。面对这种情况要冷静地多问、多思自己之所以不成功的原因到底在哪里，怎样才能使自己快乐起来。留心四周，你随时都可以发现正在"发怒"的人。商店里，顾客正在和营业员吵架；出租车上，司机正因交通堵塞而满脸怒色；公共汽车上，两人正在为抢占座位而大打出手……此种情形，不胜枚举。那么你呢？是否动辄勃然大怒？是否让发怒成为你生活中的一部分，而且你是否知道：这种情绪根本无济于事？也许，你会为自己的暴躁脾气大加辩护："人嘛，总都有生气发火的时候"，"我要不把肚子里的火发出来，非得憋死不可"。在这种不是借口的借口之下，你不时地自我生气，也冲着他人生气，你似乎成了一个愤怒之人。

有位大学生，大学期间各门功课成绩都是优良，毕业后分配在一个偏远的小镇上。从梦想的伊甸园，进入平庸、烦琐的现实，他觉得像从天堂掉进了地狱。为了改变自己的命运，他把希望寄托在研究生考试上，并将这看成他生活的唯一出路。但由于诸多的烦恼困扰，他名落孙山。为了自己的前途，他凭借着强大的意志一次又一次捧起书本，却因极度的烦恼而毫无成效。第三次失败之后，他停止了努力。悲哀、苦恼、绝望将他紧紧地包围，他开始天天喝酒买醉，不再上班，他的精神已经彻底地崩溃了。短短的四年，竟成了一生的终结。

我们不难得出这样一个结论，大学生的种种遭遇，都因烦恼而起。烦恼虽然是一种情绪，但却具有强大的破坏力，一旦我们沾染上它，压力也就悄然而至了。它就会像指挥木偶一样指挥着我们，使我们生活在痛苦之中。

人在烦恼时，可使意志变得薄弱，判断力、理解力降低，甚至导致理智和自制力丧失，造成正常行为瓦解。烦恼不仅使我们的心灵饱受煎熬，同时它还会摧毁我们的机体。

其实，烦恼都是自找的，明确了自己的定位，完全可以消除自身的烦恼。

有一位年轻人去找心理学教授，他对大学毕业之后何去何从感到彷徨，他向教授倾诉诸多的烦恼：没有考上研究生，不知道自己未来的前途；女朋友将去一个人才云集的大公司，很可能会移情别恋……

教授让他把烦恼一个个写在纸上，判断其是否真实，一并将结果也记在旁边。

经过实际分析，年轻人发现其实自己真正的困扰很少，他看看自己那张困扰记录，不禁说："无病呻吟！"教授注视着这一切，微微对他点头。于是，教授说："你曾看过章鱼吧？"年轻人茫然地点点头。

"有一只章鱼，在大海中，本来可以自由自在地游动，寻找食物，欣赏海底世界的景致，享受生命的丰富情趣。但它却找了个珊瑚礁，然后动弹不得，呐喊着说自己陷入绝境，你觉得如何？"教授用故事的方式引导他思考。他沉默一下说："您是说我像那只章鱼？"年轻人自己接着说："真的很像。"

于是，教授提醒他："当你陷入烦恼的习惯性反应时，记住你就好比那只章鱼，要松开你的八只手，让它们自由游动。困住章鱼的是自己的手臂，而不是珊瑚礁的枝杈。"

在生活中，烦恼都是自找的，烦恼犹如一颗"毒瘤"，能在人的心里扎根，如果你不摆脱它，就会受它摆布。

心理解脱

为根本不可能改变的事物自寻烦恼真是太愚蠢了。其实，你大可不必动怒，只要你能理解别人有权以不同于你所希望的方式说话、行事，你就会对世事采取更为宽容的态度。

2. 不要过分地追求完美

人不能过分地追求完美，在这个世界上真正的完美是没有的，过分追求完美的人注定一生都不会找到快乐。

宁静致远，不要事事追求完美，拥有一颗宁静的心，才能从容面对人生，拥有快乐。

有一个富人因为富有，所以凡事都要求最好的。有一天他喉咙发炎，这不过是一个小毛病，任何一位大夫都可以给他医治好，但是由于他求好心切，一定要找到一位最好的医生来为他诊治。

他花费了无数的金钱，走遍各地寻找医病高手，他一地一区地走，每个地方都告诉他当地有名医，但是他认为别的地方一定还有更好的医生，所以他又继续寻找。

直到有一天，他路过一个偏僻的小村庄，扁桃腺已恶化成脓，病情变得非常地严重，必须马上开刀，否则性命难保。但是当地却没有一个医生，这位富人，居然因为一个小小的扁桃腺发炎而一命呜呼！

人不能过分地追求完美。在这个世界上真正的完美是不存在的。过分追求完美的人注定一生都不会快乐。相反，知足者常乐，与其去追求不可能得到的完美，不如就对现在保持知足的心态。知足，是一种成功做人的艺术。

孔子游泰山，遇到一位陌生人，鹿裘带索，鼓琴而歌；孔子见而问："先生何乐也？"对曰："天生万物，人为贵，吾得为人，一乐也；男女有别，男为尊，吾得为男，二乐也；人生有不见日月、不免襁褓者，吾行年七十矣，三乐也。贫者士之常，死者人之终，居常以待终，何不乐也？"

知足是我们在深刻理解生活真相之后的必然选择。

人的欲望是永无止境的，俗话说："猛兽易伏，人心难降；沟壑易填，人心难满。"但生活所能提供给欲望的满足却总是有限的。在人的现实生活中，"足"是相对的、暂时的，如果一个人以"不足"为生活的事实而予以理解和接纳，那么他对生活的感受反倒处处是"足"了。

知足就是一个人自觉协调内心无限欲望与现实有限条件两者关系的过程，它用什么来协调？用"知"来协调。足不足是物性的，而知不知则是人性的。以人性驾驭物性，便是知足；让物性牵制人性，就是不知足。足不足在物，非人力所能勉强，知不知在我，非贫富所能左右。

一个人对任何事都感到不知足，是一件十分容易的事，并不需要主观上的任何刻意，因为不知足正是人追求完美的一个特征。所以，不知足是本然的、顺情的，知足，倒是可能迫不得已而勉为其难。当你步行在街道上看到一辆辆擦身而过的漂亮轿车时，当你身居斗室望着窗外一幢幢摩天大楼的闪闪灯火时，因羡慕、忌妒而产生的不知足，无须吹灰之力便不招自至了。而要摆脱这些情绪的纠缠，今晚依然知足地卧床酣睡，明晨照样知足地挤车上班，却是很不容易的。

一个乡下人与城里人相比，往往会感到很知足。城里人西装革履，住高楼大厦，尚不免满腹牢骚；而一个老农只要有粗茶淡饭果腹，有简陋房屋安居便会心满意足了。如果城里人因此对乡下人颇感不屑并自以为高人一等，就让人感到很好笑了。这样的城里人反过来拿自己与物质享受更高的外国人相比，必然会产生另一种自卑与不足。

与过分地追求完美比，知足更容易找到生活本身的幸福和快乐。因此，生活中，一定要做一个事事知足的乐观之人。

三 烦恼都是自找的

心理解脱

生活追求完美没有错，错的就是一味去追求完美而不能自拔，过分追求完美是一种盲从现象，是不可能达到目的地的无谓飞行，生活中要懂得知足常乐，过得真实才轻松。

3. 不要被欲望长久笼罩

　　人的一切烦恼都是与太强的欲望分不开的，一切快乐都是与摆脱欲望分不开的。因此，太强的欲望都意味着缺乏快乐，而缺乏快乐，就会感到烦恼。

　　世间的人往往是很贪的，这也想要，那也想要，舍不得放弃任何东西，这也是视角狭隘的表现。生活中，很多人在通往成功的道路上，我们必须懂得有所选择，有所舍弃。尤其是在困境中时，牺牲小的代价，就能换来整体的利益。

　　20世纪60年代是日本经济迅速发展的时代。那时，世界能源的主要支柱是石油，因此，作为石油的运输工具——油船就显得很重要。一股油船热很快席卷了整个日本。

　　然而，这时候，已经经营造船业多年的日本巨商坪内寿夫，却反其道而行之，不跟人家凑热闹，不顾董事会其他人员的反对，毅然决定放弃红红火火的造船业，改而投资汽车专用轮胎。

　　坪内寿夫认为，既然是这么热门的行业，汹涌而来的人肯定很多，不久后必然会出现供大于求的局面，等到那时受重创，不如现在就赶快转行。

　　果然，几年后，日本就因为造船业生产的产品供大于求，造成经济危机，很多造船厂损失惨重。坪内寿夫的眼光让同业者敬佩。

　　70年代初，日本汽车大受世界各地的人们的青睐，坪内寿夫的生意扶摇直上，其名声很快就震惊日本。

　　想把生意做大，就应该把眼光放远。不要因为眼前有利润而紧抓不

放，有得必有失，懂得放弃，才有更多的收获。

有这样一则故事：

一个灵魂对老天爷说："您派给我一个最好的形象，我将永远崇拜你。"

老天爷仁慈地回答："好，你准备做人吧，这是世界上最好的形象。"

灵魂问："做人有风险吗？"

"有，钩心斗角，残杀，诽谤，夭折，瘟疫……"

"另换一个吧！"

"那就做马吧。"

"做马有风险吗？"

"有，受鞭笞，被宰杀……"

"唉，请再换一个吧。"

"老虎。"

"老虎。"魂灵乐了。"老虎是兽中之王，它一定没风险。"

"不，老虎也有风险，有时被猎人杀，有一种小兽也是它的克星。"

"啊，老天爷，我不想当动物了，植物总可以吧。"

"植物也有风险，树要被砍伐，有毒的草被制成药物，无毒的草人兽食之。"

"啊，恕我斗胆，看来只有您老天爷没有风险了，我留下，在您身边吧。"

老天爷哼了一声："我也有风险，人世间难免有冤情，我也难免被人责问，时时不安。"说着，老天爷顺手扯过一张鼠皮，包裹了这个灵魂，推下界来："去吧，你做它正合适。"

生活中应该学会满足，若不知足有时就连起码的东西都得不到。可是生活中的人们总是难改贪婪的习性，对于功名利禄的态度，一向是多多益善。比如当一个人有了一千块钱，就想拥有两千，有了两千还想有五千，然后想有一万、两万，这就是一个人的欲望，欲望没有止境。人们以为金钱越多越好，可是，事实真的是这样吗？当你永不满足自己现有的金钱的时候，就会想尽一切办法来增加自己的财富，结果必然会给自己带来无形的压力，失去人生的快乐。

　　人的精力和时间都是有限的，但是欲望却是无限的，生活的本意在于快乐，我们追求金钱本来也是为了改善自己的生活，使自己过得更舒适一些。如果你一味地任由贪婪的恶欲膨胀，就会陷入追求金钱的恶性循环中，进而失去快乐。

4. 烦恼就是庸人自扰

烦恼并不会因你的唠叨、抱怨而减少，反而会逐渐增加。与其为烦恼而愁，还不如改变对待它的态度。

有一个小男孩，他们全家都是虔诚的基督教信徒。在男孩很小的时候，他就佩戴着一个简洁的十字架，那个十字架很普通，样式也并不难看。可是，男孩总觉得自己的十字架太重了，简直要把自己的脖颈都压断了。而别人的十字架似乎看起来都很轻巧可爱，所以他一直希望能和别人交换一下。但是，这种东西谁肯轻易交换呢？

于是，他决定出门去寻找一个满意的十字架。

一天，他来到一座华丽的大教堂。男孩高兴极了，因为他发现那里有一个展柜，里面陈列着各种各样、不同材质、不同大小的十字架，看起来眼花缭乱，个个都那么精美。

他先是看上了一个表面镶着钻石和黄金的小十字架，对它爱不释手，他想，戴上这个十字架一定很舒服，也肯定能让自己更漂亮。但当他拿起来往脖子上戴的时候却发现，这个十字架沉极了，根本就不适合佩戴，而只能作为一件艺术品待在展柜里。钻石和黄金虽然珍贵而美丽，但要是每天都戴着它们，那将是多么沉重的负担啊，他根本就不可能再迈起轻盈的脚步去跳舞了。所以，他放弃了。

他又来到另一个檀香木雕刻的十字架面前，它上面有很多美丽的玫瑰花，他想，这个也不错，也很漂亮，戴这个应该比上一个要容易多了。他轻松地拿起并挂在脖子上，可是玫瑰花的枝叶扎得他很难受，不一会儿，脖子就红了一片。所以，他又放弃了。

最后，他走到一个十分朴素的十字架面前，他拿起十字架，觉得这个是他最满意的，也是最容易戴的一个。当他定睛仔细观看时，却发现，原来这个正是他自己的那个十字架，他刚才试戴新十字架时，随手把它放在这里了。

不同的人生阶段有不同的烦恼。上学的时候，每天会因为学习的压力而烦恼；大学毕业了会因为工作上的不顺而烦恼；当了领导又有工作环境的烦恼；年龄大了又有找对象的烦恼；终于结了婚，又有了家庭的烦恼；过了而立之年，更是烦恼不断。可以说，有生活就有烦恼，要处世就会遇到烦恼。

一个人的生活不管是美满还是苦闷，都少不了烦恼缠身。旧的烦恼去了，新的烦恼又来了。生活的烦恼交织成人生的悲与喜，悲因烦恼而生，喜亦因烦恼而生，所以生活是烦恼的生活，人生亦是烦恼的人生。既然烦恼来了你躲也躲不掉，逃也逃不脱，那何不把生活中这些各个阶段的烦恼当作一种经历去慢慢感受呢？更何况，有很多烦恼，本身就是庸人自扰呢。

心理解脱

人生多变，事事难料，烦恼总是难免的，要学会享受生活的心酸与无奈，享受抗争的坚强与执著，享受在物欲横流的现实面前自己更加平和的心态。享受烦恼，就是享受生活。

5. 抛下烦恼去收获快乐

对任何不幸与痛苦都要在生活中划定一个期限，过期就让它们通通作废。

只有那些面对困难不悲观、不气馁的人才能有所前进，有所超越，因为真正的快乐只有靠自己去体会！

有一位官员，去美国访问，有一次在街头遇到一位卖花的老太太。这位老太太穿着相当破旧，身体看上去也很虚弱，但脸上却总是带着祥和高兴的微笑，热情洋溢地面对每一个买花的顾客。这位官员挑了一朵花说："你看起来很高兴。"

"为什么不呢？一切都这么美好。"

"对烦恼，你倒真能看得开。"官员随口说了一句。

老太太的回答令官员大吃一惊，她说："耶稣在星期五被钉上十字架时，是全世界最糟糕的一天，可三天后就是复活节。所以，当我遇到烦恼或不幸时，就会等待三天，三天后，一切就恢复正常了。"

"等待三天"，多么平凡而又充满哲理的一种生活方式，它把烦恼和痛苦抛下，全力去收获快乐。

笑对人生，阳光会更灿烂；怨天尤人，快乐也会成为烦恼，我们为什么不去收获快乐而自寻烦恼呢？

快乐是一把火，它可以燃起成功的希望，快乐是可以传播的分子，它可以把美好的感情传给更多的人。对这个世界的体验和把握，大部分源自于你对事物所持的态度——那份源自心灵深处的快乐。卡特曾说过："没有快乐心理的支配，我就不可能成功。"

一群年轻人到处寻找快乐，却遇到许多烦恼、忧愁和痛苦，于是他们向苏格拉底请教："快乐到底在哪里？"

学者说："你们还是先帮我造一条船吧！"

这群年轻人暂时把寻找快乐的事儿放到一边，找来造船的工具，用了两个月，造出了一条独木船。

独木船下水了，他们把苏格拉底请上船，一边合力荡桨，一边齐声唱起歌来。苏格拉底问："孩子们，你们快乐吗？"

他们齐声回答："快乐极了！"然后又把船划向新的目标。

苏格拉底道："快乐就是这样，它往往在你为着一个明确的目的忙得无暇顾及其他的时候突然来访。"

年轻人又问："快乐一定需要有非常雄厚的物质基础吧？"

苏格拉底：说："快乐源自我们心灵的深处，它并不是贵族的专利，它就像水和空气一样，是我们身边最常见的'物质'，只是有时候，我们无法看到它的存在。"

有一个人独自住在都市郊区的一间小屋里，生活中的不幸几乎都被他遇到了。然而，他从未就此而失去快乐。他认为苦难和快乐是两回事："不仅是在必要的情况下忍受一切，而且还要喜爱这种情况。"

后来，他创业成功后回忆说："这种快乐的心态很重要，它可以使自己保持从自己的实际条件和境界出发，从来不抱怨什么，努力奋斗最终成为一个成功者。"

他曾说："如果我出生在一个富裕家庭，有一个名牌大学的学位，再有幸福美满的婚姻生活的话，我也许绝不可能成为企业家。"他又说，他的一生成就是用快乐写成的，没有快乐心态的支配，他就不可能成功。

这里再给你介绍一贴"快乐处方"。

以一个故事作由头：一位15岁的少年拜访一位年长的智者。少年问："怎么才能成为自己愉快，也能带给别人快乐的人？"智者给少年四句话：第一句是把自己当成别人。第二句是把别人当成自己。第三句是把别人当成别人。第四句是把自己当成自己。少年接着问："这四句话之间有许多矛盾，我怎样才能把它们统一起来呢？"智者笑着对少年说："用一生的时间和经历去体验吧。"

少年把智者的四句话当作人生箴言和人生准则，走上了人生历程，也成了一位智者，他是一个愉快的人，也给他人带去了快乐。

这四句话好比快乐处方。

把自己当成别人。当自己受到挫折、失败、屈辱时，把自己当作别人，使自己置身事外，好去疏导、好去宽解、苦中求乐，不快自然减轻。做错了事想到谁也有可能犯错误，因而振作精神，正常工作与生活。当处于顺利或取得成绩或功成名就时，把自己当作别人，就不致得意忘形，忘乎所以，让胜利冲昏头脑。

把别人当成自己。当自己与人交往，遇事设身处地为别人着想，这事落到自己头上，我会怎么想，该怎么办？对别人多点善心善举，为别人解愁分忧，不袖手旁观。

把别人当成别人。做人不要自以为是，要学会尊重别人。任何时候都不要怠慢别人，不能强求别人这样做那样做。在非原则问题上不计较，在细小问题上不纠缠，以聪明的"糊涂"善待别人。

把自己当成自己。任何人都有自己的个性和独立性，你就是你自己，不是别人，把自己当成自己，就得承担起自己的责任。该把自己当成别人时，就得站在别人的角度看自己，这样就不致自我封闭，作茧自缚。

品读故事，品味长寿者，使我们以人为镜，可以知得失，学会换位思考，多角度、多方位观察社会，善待人生，做情绪的主人，修正自己的认识。能像古代养生家石成金颐养歌诀《人要笑》中说的那样："人要笑，人要笑，笑笑就能开怀抱。笑笑疾病渐消除，笑笑衰老成年少。听我歌，当知窍，极好光阴莫丢掉，堪笑痴人梦未醒，劳苦枉作千年调。从今快活似神仙，哈哈嘻嘻笑。"

快乐属于自己，同时又能传递给周围的人。如此那该多好。

心理解脱

生活本身就是在许多的辛苦和烦恼中继续的，从痛苦中了解人生的真谛，从困难中取得生存的经验，从愁怨中得到快乐的源泉，笑对人生，超越自我，抛去烦恼去收获快乐，阳光会更灿烂。

四、别为小事去烦心

生活每天都在继续，事情每天都在发生。快乐和烦恼每天都会伴随着你。人生短暂，所以，生活中不要因一些鸡毛蒜皮、微不足道的小事而耿耿于怀，为这些小事而浪费你的时间、耗费你的精力是不值得的。因此，当烦恼来临的时候，用勇敢来代替沮丧；用乐观来代替悲观；用宁静来代替烦躁；用愉快来代替烦闷，那样的话，烦恼在你的心里就无从存在了。

1. 不要为琐事烦恼

常常为生活中的琐事而烦恼的人，他的人生也像那些琐事一样杂乱无章。

日常生活中，人们习惯于把许多小事情看得过于重要。一个一贯的尖子生会为自己一次偶然的考试成绩第二而失声痛哭；大人会因为孩子不经意间冒出一句从外面学来的脏话而声色俱厉；一个羞怯的女孩也许会因为自己穿了件不合时宜的裙子而忐忑不安；家庭主妇会因为提前售出股票少赚几百块钱而叹息数周；甚至一个过于小心健康的人也会为一阵突如其来的牙疼而惊恐不已！其实这些不过都是些琐事，我们本来不必为此烦恼。

有这样一则故事：

一位太太为了熬出一锅好汤，于是邀请邻居的太太来家里指导。

她买齐了材料，准备生火烧水，邻居太太却说："这个不锈钢锅不适合熬汤，我还是再去买一个陶锅，熬出来的汤会美味一些。"

然后，她匆匆忙忙地解下了围裙，跑去买锅。

锅很快就买来了，这位太太正要烧水，邻居太太却说："我想起来了，我有一组餐具很配这个陶锅，等我一下，我回家找找去。"

然后，她急忙跑回家翻箱倒柜，满身大汗地把餐具拿过来。

正当烧水之际，邻居太太又看了看准备入锅的材料，摇了摇头说："不行，这肉片切得太大了，不容易入味，我得把它切小一点才行。"好不容易拿出了菜刀，才切了没两三下，邻居太太又说了："这菜刀不利了，得赶紧磨一磨才好。"

于是，她丢下菜刀，回家去把磨刀石拿过来。等到磨刀石拿来以后，她又发现，要磨利刀，必须用木棍固定一下才方便，所以她又连忙出外寻找木棍，找了好半天都不见踪影。

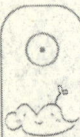

在家里等待的这位太太只好先把材料下锅，一边煮一边等。直到邻居太太气喘如牛，手里拿着木棍跑回来时，锅里的材料早已熟透，可以开始大快朵颐了。

看完这则故事之后，你一定在偷笑，天底下怎么会有像邻居太太这样的人啊！

事实上，我们虽然不至于像邻居太太做出这样的事，但是很多时候，我们也犯了和邻居太太一样的毛病，只看见眼前的事物，却忘了自己最终的目标，终日为琐事忙忙碌碌，到头来却仍是一场空。

歌德曾经说过："决定一个人的一生，以及整个命运的，只是一瞬之间。"那"一瞬之间"指的是你做事的态度、做事的方法。愚蠢的人为了无谓的小事而浪费光阴，聪明的人却善用每分每秒，山不转路转，完成一件事的方法永远不只一个。

在现实生活中，我们也许有如下经历：

过节时，先生接到了昔日恋人发来的一条祝福短信，你便忐忑不安，继而大发雷霆，指责先生对你不忠，用情不一。尽管先生一再向你解释，你还是不依不饶，先生只好更换手机号码，而你还是不能完全相信，除了每晚检查他的手机外，还不定时地对他进行跟踪。虽然没发现任何疑点，但你还是在心里常生闷气，有时还无端地指责先生的女同事。一段时间后，先生终于忍不住反抗了。于是，原本和睦的一个小家庭便常常发生"战争"，而引发"战争"的导火线，便是你没完没了地生气，生气就是自寻烦恼。

在上班的途中，车堵得厉害，交通指挥灯仍然亮着红灯，而上班的时间眼看就要到了，你烦躁地不时看着手表上的秒针。当绿灯亮起时，你前面的车子却没有迅速启动，因为开车的是位新手，你愤怒地按响了喇叭。那个新手因为紧张，仓促地挂上了一挡，而你却在几秒钟里因为生气而把自己置于不愉快的情绪之中。

生气会使人失去理智，生活中很少有因为生气就使问题得到解决的；相反，常常生气把事情搞得更复杂了。因此，控制自己的怒气，不被小事牵着鼻子走是做人、做事成功的关键。

清朝的林则徐一生中信奉着这样的一句座右铭：制怒。一次他在处理公务时，盛怒之下把一只茶杯摔得粉碎。身边的几个随从见了，赶忙拿来扫帚，准备把碎片扫走。林则徐见后，意识到自己又生气了，便立即谢绝了随从的代劳，自己挽起袖子，亲自打扫摔碎的茶杯，表示悔过之意。后来，林则徐为了随时提醒自己莫生气，便书写了"制怒"二字，高悬于公堂之上，以此告诫自己，遇事要心平气和，才能更理性地处理好事情。

当然，控制自己的怒气不是一件容易的事，因为它是一个人以理智战胜情绪激动的过程。因此，要想控制自己的情绪，除了遇事要冷静、要理解别人之外，还更需要有宽阔的胸怀，去容纳难容之事。正如清人石成金在他所作的《莫恼歌》中所唱的那样：

"莫要恼，莫要恼，烦恼之人容易老。世间万事怎能全，可叹痴人愁不了。任何富贵与王侯，年年处处埋荒草。放着快活不会享，何苦自己寻烦恼。莫要恼，莫要恼，明日阴阳尚难保。双亲膝下俱承欢，一家大小都和好。粗布衣，菜饭饱，这个快活哪里讨。富贵荣华眼前花，何苦自己讨烦恼。"

在社会生活中，一个不分是非曲直、动辄生气的人，肯定不会受人欢迎。而且，一个人如果经常生气，也会损害自己的健康。因此，控制自己的情绪，不生气，不动怒，会让自己受益终身。不要为生活中的琐事生气，因为生气带给你的只有烦恼。不为琐事烦恼，是人生的一种至高境界，是宽容处世的美德。

生活中琐事颇多，许多事并无绝对的正确与错误之分。如果我们这样一时想不通，不妨换个角度那样去思考，或许就能豁然开朗。正所谓：忍一时风平浪静，退一步海阔天空。若能真正认识到这一点，我们就能随时保持良好的个人状态，不以物喜，不以己悲，时时处处拥有一份好心情，生活也因此变得更加绚丽多姿。

心理解脱

生活琐事千千万，天天为琐事烦恼永远达不到快乐的港湾。何不保持良好的心态，认认真真地对待每一件小事呢？为琐事烦心就会与开心远离。

2.不值得为小事斤斤计较

不为小事斤斤计较的人心胸广阔，心宽者路宽，在人生的道路上必能实现理想，走向成功。

人生短暂，记住不要浪费时间去为小事而烦恼。也许我们多次原谅自己的许多大错，但是有时却对某一个小小的失误耿耿于怀，甚至抓住不放。想来何必呢？把宝贵的时间和精力浪费在区区小事上不值得！

有一个叫做鲁滨逊的人，意外地继承了一个牧场，而他恰好喜欢过农耕的生活，于是举家迁到这里，在牧场里快活地生活起来。

有一年的夏天，他养的一头牛，为了偷吃玉米而冲破篱笆，跑进了农夫的地里，最后被农夫杀死了。以当地牧场的共同约定，农夫应该通知鲁滨逊并说明原因，但是农夫没这样做。

鲁滨逊知道这件事后，非常生气，于是带着佣人一起去找农夫理论。农夫的家非常远。而且此时，正值酷暑。他们只走到一半，人和马便气喘吁吁，大汗淋漓，几乎都要虚脱了。好不容易抵达木屋，农夫却不在家，农夫的妻子热情地邀请他们进屋等待。鲁滨逊进屋后，看见妇人十分消瘦憔悴，而且桌椅后还躲着五个瘦得像猴子的孩子。

不久，农夫回来了。妻子告诉他："他们可是顶着烈日而来的。"

鲁滨逊本想开口与农夫理论，可能还要打架，但最后，他想了一下，只是伸出了手。农夫完全不知道鲁滨逊的来意，便开心地与他握手、拥抱，并热情邀请他们共进晚餐。

这时，农夫满脸歉意地说："不好意思，委屈你们吃这些豆子。原本有牛肉可以吃的，但是还没准备好。"

孩子们听见有牛肉可吃，高兴得眼睛都发亮了。

吃饭时，佣人一直等着鲁滨逊开口谈正事，以便处理杀牛的事。但是，鲁滨逊看起来似乎忘记了，只见他与这家人开心地有说有笑。

饭后，天下起了暴雨。农夫一定要两个人住下，等明天再回去，于是鲁滨逊与佣人在那里过了一晚。

第二天早上，他们吃了一顿丰盛的早餐后，就告辞回去了。

在酷暑中走了这么一趟，鲁滨逊对此行的目的却闭口不提，在回家的路上，佣人忍不住问他："我以为你准备去为那头牛讨个公道呢！"

鲁滨逊却微笑着说："是啊，我本来是抱着这个念头的，但是，后来我又盘算了一下，决定不再追究了。你知道吗？我并没有白白失去一头牛啊！因为，我得到了一点人情味。毕竟，牛在任何时候都可以获得，然而人情味却并不是很容易得到。"

生活中，大多数的人都在追求物质上的满足，表现在言行上便是为了小事斤斤计较。然而当物质需要得到满足之后，我们的心是否真的充实了？故事中的鲁滨逊，尽管失去了一头牛，却换得农夫一家人的笑容和幸福，以及难得遇见的人情味。这段经历，更让他懂得生命中哪些才是无价的。

虽然我们每个人不大可能因为一点小事而发动一场战争，但我们肯定能因为小事而使自己周围的人不愉快。要记住，一个人为多大的事情而发怒，他的心胸就有多大。

心理解脱

做人要放宽胸怀，不为日常的小事而斤斤计较，人生苦短，不要把宝贵的时间浪费在为小事而烦恼的旋涡里。

3. 别为打翻的牛奶哭泣

许多事情做了烦心，不做后悔；许多人遇到心烦，错过了后悔；许多话说出来后悔，说不出来心烦……人的烦心和后悔情绪正像苦难一样伴随着生命的始终。

人生一世，花开一季，谁都想让此生了无遗憾，谁都想让自己所做的每一件事都永远正确，从而达到自己预期的目的。可这只能是一种美好的幻想。人不可能不做错事，不可能不走弯路。做了错事，走了弯路之后，产生后悔情绪是很正常的，这是一种自我反省，是自我解剖与抛弃的前奏曲，正因为有了这种"积极的后悔"，我们才会在以后的人生道路上走得更好、更稳。

每当有人纠缠住后悔不放，或羞愧万分，一蹶不振；或自惭形秽，自暴自弃，那么此人的这种做法就真正是蠢人之举了。

古希腊诗人荷马曾说过："过去的事已经过去，过去的事无法挽回。"的确，昨日的阳光再美，也移不到今日的画册。我们又为什么不好好把握现在，珍惜此时此刻的拥有呢？为什么要把大好的时光浪费在对过去的悔恨之中呢？

覆水难收，往事难追，后悔无益。

错过了就别后悔。后悔不能改变现实，只会消弭未来的美好，给未来的生活增添阴影。最后，让我们牢记卡耐基所说的这段话：要是我们得不到我们希望的东西，最好不要让忧虑和悔恨来苦恼我们的生活。且让我们原谅自己，学得豁达一点。

尽管每个人忘记过去都是十分痛苦的事情，但事实上，过去的毕竟已经过去，过去的不会再发生，你不能让时间倒转。无论何时，只要你因为过去发生的事情而损害了目前存在的意义，你就是在无意义地损害你自己。超越过去的第一步是不要留恋过去，不要让过去损害现在，包括改变对现在所持的态度。

乔治五世在白金汉宫的墙壁上写下这几句话：不要为月亮哭泣，也不要因做错事而后悔。

塔金顿在他六十多岁的时候，有一次低头看着地上的地毯，眼前一片模糊，他无法看清楚地毯的花纹。他去找了一个眼科专家，发现了一个不幸的事实：他的视力在减退，有一只眼睛几乎全瞎了，另一只离瞎也不远了。最后，他最怕的事情终于降临到他的身上了。

塔金顿对这种"所有灾难里最可怕的事"有什么反应呢？他是不是觉得"这下完了，我这一辈子就此完了"呢？没有，他自己也没有想到他还能活得非常开心，甚至还能善用他的幽默感。以前，浮动的"黑斑"令他很难过。它们会在他眼前游过，遮挡住了他的视线，可是现在，当那些最大的黑斑在他眼前晃过的时候，他却会说："嘿，又是黑斑老爷爷来了，不知道今天这么好的天空，它要到哪里去。"当塔金顿终于完全失明之后，他说："我发现我能承受我视力的丧失，就像一个人能承受别的事情一样。要是我五种感官全都丧失了，我知道我还能够继续生存于自己的思想之中，因为我们只有在思想里才能够看，只有在思想里才能够生活，不论我们是否知道这一点。"

塔金顿为了恢复视力，在一年之内接受了十二次手术，为他动手术的是当地的眼科医生，然而他没有害怕，他知道这都是自己必须去做的事情，他知道自己没有办法逃避，所以唯一能减轻他痛苦的办法只有一个，那就是爽快地去接受它。他拒绝在医院里用私人病房而和其他病人一起住进大病房。在他必须接受好几次手术时，他还试着使大家开心——而且他很清楚在他眼睛里动了些什么手术——他只是尽力让自己去想他是多么幸运。"多么好运，"他说，

"多么妙啊，现代科学发展得如此之快，能够在人的眼睛这么小的东西里动手术。"

一般人如果要忍受十二次以上的手术，仍然过着那种不见天日的生活，恐怕都要变成神经病了。可是塔金顿说："我可不愿意把这次经验拿

去换一些更开心的事情。"

这件事教会他如何接受不可改变的事实，这件事使他领悟了约翰·弥尔顿所说的："瞎眼并不令人难过，难过的是你一直处于瞎眼的悔恨之中！"

人生不能永远停留在懊悔之中，要坦然地面对现实，做生活的强者，把最美好的希望留在明天，而不是常常回忆已失的美丽。

心理解脱

生命中，如果你决定把现在全部用于回忆过去、懊悔过去的机会或留恋往日的美好时光，不顾时不再来的事实，希望重温旧梦，你就会不断地扼杀现在。因此，我们强调要学会适当地放弃过去，接受不可避免的事实。

4.不争无谓小事

不争无谓小事者，方能成大业，不争无谓小事是一种宽容，一种风度，一种雅量，更是一种美德。

善待一切心无忧。不生无谓的气，不争无谓的高，不说无谓的话，不做无谓的事！不去计较它，也就不会存有心结。看淡一切，善待一切，不论是上下级，还是家人朋友，不论是素昧平生者，还是交往深厚者，不论是与自己有过冲突，还是曾经背后指责过自己的人，能善待就善待，最多不理也罢。没必要为一些小事耿耿于怀，要知道你的耿耿于怀并不是惩罚对方，而是拿对方的错误来惩罚自己，让自己时时处在咬牙切齿的痛恨之中，何苦呢？

有一个年轻人，和别人打架时吃了亏，于是一个不服气，就离开家乡，到远处去拜师学艺，一心想要报复。

最初，还没学会几招，就摩拳擦掌地要回去找人报仇，但是，被师傅拦住了。

"要教训对方，就给他几下厉害的，所以等功夫高了再去，三两下把他撂倒，那才有面子啊。"师傅说。

年轻人觉得有道理，就留了下来，继续苦练。但是当他的功夫真的练成了，却再也没有昔日的报复心了。

因为他发觉只要自己出手，对方根本不堪一击。而当人们知道他武艺高强，却不计较当年恩怨，更是对他尊敬有加。连那个当年欺负他的人，也偷偷地跑来请罪。

师傅用计让徒弟懂得了不争无谓的小事，免去一场无谓争斗，保全了一个练武的好苗子。这种智慧与当今社会中一些年轻人争强好斗的冲动带

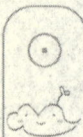

来的结果简直有天壤之别。

有一条大家都知道的法律上的名言："法律不会去管那些小事情"，一个人也不该为这些小事忧愁，如果他希望得以心理的平静的话。

在多数的时间里，要想克服被一些小事所引起的困扰，只要把看法和重点转移一下就行了——让你有一个新的、能使你开心一点的看法。荷马·克罗伊，是个写过好几本书的作家。他举了一个怎么样能够做到这一点的好例子。以前他写作的时候，常常被纽约公寓热水炉的响声吵得快发疯。

"后来，"荷马·克罗伊说，"有一次我和几个朋友一起出去露营，当我听到木柴烧得很响时，我突然想到：这些声音多么像热水炉的响声，为什么我会喜欢这个声音，而讨厌那个声音呢？我回到家以后，跟我自己说：'火堆里木头的爆裂声，是一种好听的音乐，热水炉的声音也差不多，我该埋头大睡，不去理会这些噪声。'结果，我果然做到了：头几天我还会注意热水炉的声音，可是不久我就把它们整个地忘了。"

很多其他的小忧虑也是一样，我们不喜欢那些，结果弄得整个人很颓丧，只不过因为我们都夸张了那些小事的重要性。狄士雷曾说过："生命太短促了，不能再只顾小事。"

放弃或忘记一些无谓的小事，是我们快乐和幸福的开始。不争无谓小事就要活在当下，相信命运的安排，但不拘于命运的束缚。有句话：命中有时终会有，命中无时莫强求。在你追求目标的过程中总有许多坎坷和波折，当这些令人烦恼的东西来到面前时，该做的不是唉声叹气，不是怨天尤人，而是尽自己的力量去努力，只要努力过，哪怕最终目标没有达到，你会心安理得：我曾经努力过，我没有放弃过！你会宽慰地接受自己努力的结果，不管是种什么样的结果，只求过程，这种过程是一种享受，是一种美丽，当然也是一种收获！

心理解脱

生活中小事太多，如果一个人常常为一些无谓小事而耿耿于怀，自己就永远不会轻松和快乐。我们应该永远保持"大事化小，小事化了"的心态，不要为无关痛痒的事情喋喋不休。

5. 不为小事发火

人生苦短，没有必要把自己的精力都消耗在无聊的小事上面。

陕西延安有位姓吴的和尚，140岁时还能担40公斤的柴火上山，他有一首长寿歌诀曰："酒色财气四道墙，人人都在里面藏。只要你能跳出去，不是神仙也寿长。"足见除酒、色、财之外，气也是人们健康长寿之大敌。

那么，怎样才能做到不生气呢？正如文坛寿星苏局仙所说："不为小事而生气，万事都要想得开。"其实，抑情制气的方法很多。如，躲避法：想办法脱离生气环境；转移法：唱歌、跳舞、听音乐、看电视或做别的事情；释放法：向自己可以信赖的人倾诉；控制法：以个人修养稳定情绪；升华法：把气化为干事业、干工作的动力；安慰法：找个合适的理由，自我安慰，自我宽心；让步法：对非原则的鸡毛蒜皮的小事谦让、礼让、忍让。

清代东阁大学士阎敬铭写的《不气歌》，更道出了过来人的深刻体验："他人气我我不气，我本无心他来气。倘若生气中他计，气下病来无人替。请来医生将病治，反说气病治非易。气之为害太可惧，诚恐因病将命废。我今尝过气中味，不气不气真不气。"

再美好的生活，都有不和谐的声音。再完美的计划，都会有未曾考虑到的东西。梦想的实现，需要长期的，甚至是一辈子的努力。对于生活中的种种不如意，不要去想得太多，更不要无限地上纲上线，不要为小事发火和抓狂。

从前有一个青年，特别喜欢为一些琐碎的小事发火。他也意识到自己这样做不好，便去求一位高僧为自己说禅解道，开阔心胸。

高僧听了他的讲述，一言不发地把他领到一座禅房中，落锁而去。

青年气得跳脚大骂，骂了许久，高僧也不理会。青年又开始哀求，高僧仍置若罔闻。青年终于沉默了。高僧来到门外，他问："你还发火吗？"

青年说："我只为我自己发火，我怎么会到这地方来受这份罪。"

"连自己都不原谅的人怎么能心如止水？"高僧拂袖而去。过了一会儿，高僧又问他："还发火吗？"

"不发火了。"青年说。

"为什么？"

"发火也没有办法呀。"

"你的火气并未消失，还压在心里，爆发后将会更加剧烈。"高僧又离开了。

高僧第三次来到门前，青年告诉他："我不发火了，因为不值得发火。"

"还知道值不值得，可见心中还有衡量，还是有火气。"高僧笑道。

当高僧的身影迎着夕阳立在门外时，青年问高僧："大师，什么是火气？"

高僧将手中的茶水倾洒于地。青年人静观之良久，顿悟，叩谢而去。

何苦要发火？火气便是别人吐出而你却接到口里的那种东西，你吞下便会反胃，你不看它时，它便会消散了。

人生苦短，幸福和快乐尚且享受不尽，哪里还有时间去生气呢？

1959年的夏天，福尤姆在一个小客栈找到一份在柜台值夜班和给马厩添饲料的工作。每晚当班时，总见即将回家的老板不客气地告诫："不可马虎，我会天天查的！"那时福尤姆22岁，刚从大学毕业，血气方刚，对这位从无笑容的老板大为不满。

一星期过去了，雇员们每天的午餐一成不变：两片牛肉熏肠，一点泡菜和粗糙的面包卷。福尤姆越吃越没味。午餐的钱竟还是从工资中扣除的。

"简直是压榨！"福尤姆变得难以忍受了。

福尤姆确实被激怒了。没有发泄的对象，他只能向来接自己夜班的西格蒙德·沃尔曼大发牢骚。福尤姆宣称："总有一天，我要端一盘牛肉熏肠和泡菜去找老板，把这些东西一股脑儿朝他脸上扔去。这个鬼地方，我马上卷铺盖离开这里！"

福尤姆越讲火气越大，滔滔不绝地嚷嚷了近20分钟，中间还夹杂着拍桌子声和下流的骂骂咧咧。忽然他注意到西格蒙德·沃尔曼一直不动声色地坐在那儿，用他那悲伤、忧郁的眼神看着自己。

福尤姆想，他当然有充分的理由悲伤、忧郁，因为他是犹太人，奥斯威辛集中营的幸存者，瘦弱，不停地咳嗽整整伴随了他三年。他似乎特别喜欢夜晚的工作，这样他感到安静，有足够的时间和空间回忆可怕的过去。对他来说，最大的享受莫过于没有人再强迫他该干什么。在奥斯威辛，他就梦想着这个时光。

"听着，福尤姆，听我说，你知道自己错在哪里吗？不是熏肠，不是泡菜，不是老板，不是厨师，也不是这份工作。"

福尤姆反问："我有什么不对？"

"福尤姆，你认为自己什么都懂，但你却连小小的挫折与真正的困难都分不清。假如你摔断了脖子，假如你整日填不饱肚子，假如你家的房子着火了，那才是遇到了难以对付的困难哩。任何事情都不可能尽如人意，生活本身就充满矛盾，它像大海的波涛一样起伏不平。学会区分什么是小小的挫折，什么是大的困难，不为小事而发火，你就会长生不老。"

如今30年过去了，每当福尤姆面临困境，遇到挫折，想大发其火怨天尤人时，一张悲痛而又忧伤的脸盘就出现在他面前并问他："福尤姆，难以克服的困难，还是小小的挫折？"

我们常常因一些小事，一些我们可以不屑一顾和很快淡忘的小事发火，我们活在这个世上只有短短的几十年，而我们浪费了很多不能再补回来的时间，去为一些一年之内就会被所有人忘记的小事抓狂，不要这样，让我们把自己的时间用于值得做的行动和感觉上，去想一些伟大的思想，去经历一些真正的感情，去做必须做的事情。因为生命太短促了，不该再为那些小事大伤脑筋了。

心理解脱

发火是用别人的过错来气自己的愚蠢行为。人的一生虽然难免有不如意的事，但不能因此失去快乐，为不必要的事情发火心平气和、胸怀坦荡就能最终拥有快乐的人生。

五、不做情绪的奴隶

　　情绪就像天气一样总是在变化着，情绪作为一种人体能量是有积蓄效应的，积累到一定程度就需要发泄。生活中难免会屡屡遇到挫折和失败，沮丧的情绪就会越积越多，这样我们很容易对自己或别人产生怀疑，作出消极的评价和反应。其实，当我们遇到不愉快的事时，有苦你就诉、有泪你就流，放松自我，千万别把所有的事情都憋在心里，不要自己生闷气。顺其自然，为所当为，那些不良情绪就会自然而然地消失。让我们做情绪的主人，积极地面对一切，这才是最棒的自己！

1. 我的情绪我控制

一个遇事冷静，能够控制自己情绪的人，一定是一个有修养、有智慧的人，也必定是一个快乐的人。

许多人因为情绪而苦闷或者烦恼，也因情绪而陷于精神颓废中不能自拔；许多人因过分的情绪表现而伤害到别人。有句俗话说："笑一笑，十年少；愁一愁，白了头。"可见，情绪对我们自己及他人的影响非常大。

在现实社会生活中，人们总是会因为不顺心的事情而大发脾气或情绪低落。丢东西时惊慌、谩骂，受到指责时愤愤不平，遭到侮辱时挥拳相加，失恋时借酒消愁，屡遭失败时灰心丧气，遇到难题时顿足捶胸，被人冤枉时火冒三丈，身体不适时心烦意乱……这些情绪表现受众多因素的影响，如果控制好，就会使自己保持轻松愉悦的心情和健康、开放的心态。反之，就会导致不必要的烦恼和失态，甚至关系到个人一生的得失与成败。

1965 年 9 月 17 日，世界台球冠军争夺赛在美国纽约举行。路易斯·福克斯的得分一路遥遥领先，只要再得几分便可稳拿世界冠军了。就在这个时候，他发现一只苍蝇落在主球上，他挥手将苍蝇赶走了。可是，当他俯身准备击球的时候，那只苍蝇又飞回到主球上来了，他在观众的笑声中再一次起身驱赶苍蝇。这只讨厌的苍蝇破坏了他的情绪，而更为糟糕的是，苍蝇好像是有意跟他作对似的，他一回到球台，它就又飞回到主球上来，引得周围的观众哈哈大笑。路易斯·福克斯的情绪恶劣到了极点，终于失去了理智，愤怒地用球杆去击打苍蝇，球杆碰到了主球，裁判判他击球违例。他因而失去了一轮机会。之后，路易斯·福克斯方寸大乱，连连失分，而他的对手约翰·迪瑞则愈战愈勇，超过了他，最后夺走了桂冠。第二天早上，人们在河里发现了路易斯·福克斯的尸体，他投河自杀了！

所向无敌的世界冠军竟然被一只小小的苍蝇所击倒！路易斯·福克斯夺冠不成反被丢命，这是一件本不该发生的事情。

情绪犹如天空飞翔的风筝，只有自己牢牢地控制着手中的线才能越飞越高，越飞越远，一旦情绪失控，就像断了线的风筝那样，没有了目标和约束，必将会摔落在地。

一位酒店的老总说："在经营饭店的过程中，几乎天天都会发生能把你气得半死的事。当我在经营饭店并为生计而必须与人打交道的时候，我心中总是牢记两件事情，第一件是：绝不能让别人的劣势战胜你的优势；第二件是：每当事情出了差错，或者某人真的使你生气了时，你不仅不要大发雷霆，而且要十分镇静，这样做对你的身心健康是大有好处的。"

一位商人说："在我与别人共同工作的一生中，多少学到了一些东西，其中之一就是，绝不要对一个人喊叫，除非他离得太远，不喊听不见。即使那样，也得确保让他明白你为什么对他喊叫，对人喊叫在任何时候都是没有价值的，这是我一生的经验。喊叫只能制造不必要的烦恼。"

网球世界冠军波格从小就由父亲带他练习网球。从第一次挥拍开始，他便一发不可收拾地喜欢上了网球。不久以后他就从国内同龄人中脱颖而出。到了12岁，他常常击败全国的优秀成年球手，能与世界级职业网球手进行激烈比赛。

波格在网球这项运动上，极有天赋和竞争力，但他是一个脾气火暴、冲动任性的人，因为他渴望赢得比赛的每一分。比如一次不应该的失误，或裁判判断出错，他就会因事情不尽如人意而勃然大怒。

当事情有违他意愿时，他会满嘴脏话，与裁判争吵，扔掉球拍。他不止一次用球拍猛击网柱，直到球拍碎裂。他的脾气非常暴躁，自己也不去加以控制，有时甚至刚开赛就抱怨不休，因此他开始输掉原本可以取胜的比赛。

有一天，他父亲来观看他的比赛。刚开始，波格又开始发脾气了：大吼大叫，咒骂，扔球拍，冲观众吐口水。父亲目睹到这些可憎的行为时忍无可忍。十分钟后，在比赛间隙，他父亲突然起身，走进球场，向观众宣布："比赛到此为止。我儿子弃权。"说完来到儿子面前，夺过球拍，严厉地说："跟我走。"

一到家后，父亲把波格的球拍锁进储藏室，语气坚定地对他说道："球拍要在储藏室存放六个月。六个月后，你才能重拾球拍，就这样。波格惊呆了，因为网球是他的生命和所有的激情，要等六个月才能碰球拍，对一个12岁的孩子，六个月就好比六年。六个月不碰网球，他觉得生活中没有任何乐趣了。

六个月后，父亲从储藏室拿出球拍，递给儿子。说："今后，如果我听到你说一句咒骂的话。再看到你怒摔球拍，我就把它永远拿走。要么你控制脾气，要么我为你控制球拍。"

能再打球，波格欣喜若狂，他倾注了比从前更多的热情。不到15岁，他便击败了许多职业球手：16岁时，他便夺得全欧洲职业网球锦标赛冠军。

随着一次又一次的重大比赛，波格表现得越来越好。媒体开始称之为"少年天使"，因为他是如此年轻，如此纯真，在赛场上，他的举止就像一个天使；要知道，在他的父亲禁止他打球的日子里，他学会了控制情感，哪怕在最紧张的时刻：即使在重大锦标赛的决赛中，裁判糟糕地误判边线球，他也处之泰然；他非常善于控制情绪，连对手们都被他赛场上的风度震慑了。无论是一场轻松赛事的第一分，还是激烈紧张决赛的最后一分，他的表情和态度都毫无二致。他完全控制住了自己的情感。

波格登上了一个网球运动员渴望达到的事业巅峰。他总共夺得了十四个锦标赛冠军，其中包括六次法国网球公开赛冠军，五次温布尔登公开赛冠军。

在一次记者采访中，波格心悦诚服地承认，学会控制情绪后，即使不是他人生的转折点，也是他的网球生涯的转折点。因为他学会了控制情绪，使他从一个濒于崩溃的抱怨者，转变为一个即使在竞争最激烈的时刻，也能够保持冷静的胜利者。

心理解脱

生活中我们要学会降低自己的期望值，提升应对挫折的能力，从而使自己的情绪纳入理性的轨道；学会调节自己的控制力，弱化情绪爆发的机制，做好自己情绪的主人。

2. 疏导好自己的情绪

　　在成功的路上，最大的敌人其实并不是机会，也不是自身的能力和知识，而是无法控制自己的情绪。疏导好自己的情绪，可以使人轻松愉快地踏入胜利之门。

　　现实生活中，有一部分人有动辄发怒的习惯，尽管这些人都知道这样做很不好，但是当遇到某些令人生气的事时，就是无法控制自己的情绪。许多人在发泄过后说："是的，我也明知自己不该发怒，但就是控制不住自己。"但这种说法明显是在为自己找借口，如此看来，要想让自己成功，就要善于驾驭自己的情绪，疏导好自己的情绪。

　　公元前203年，刘邦与项羽之间进行了一场激烈的战争，就在此时，韩信攻战齐地后派人给刘邦送信，要求封他为假齐王。刘邦见信后勃然大怒说："我被困在这里天天盼他来帮助，他却想自立为王。"正在这时，张良用手拉了拉刘邦的袖子，悄声对他说："现在战场形势于我不利，怎么能阻止韩信称王呢？不如答应他的要求，立他为王以稳住其心，否则他会倒戈叛乱的。"刘邦这才恍然大悟，忙改口对使者说："大丈夫平定诸侯，就当个真王，哪能当假王呢？"这一步棋稳住了韩信，使韩信尽心竭力地为刘邦效命，为汉朝的统一立下了汗马功劳。

　　一个人不能没有情感、没有思想，像一根木头一样活着，不管自己的眼前发生了什么事情，他们都能保持自己的心情不理不睬，因此一个人不可能永远都不发怒，不可能每一天都拥有好的心情。而且一个人老是压抑自己的情感，尤其是愤怒，对健康是非常不利的。从心理学角度来说，适度宣泄长期积压的怒气，可以减轻或消除心理疲劳。把怒气发泄出来比让它积郁在心里要好，这样可以使你的心情变得轻松愉快。

据资料显示往往表明最后失去控制、大发雷霆的人，通常都经历了情绪的长时期忍耐，而这种长时间的忍耐到了一定的限度之后，就会像火山一样爆发出来。而以前的每一个拒绝、侮辱或无礼的举止，都会给人遗留下激发愤怒的残留物，也都会成为这种爆发的主要目标。人的这种愤怒的情绪，如果不及时得到发泄，到一定程度之后，就会变成侵袭人际关系的"癌症"。所以最好的办法是，找一个合理的没有副作用的方式将其释放出来。适当释放坏情绪是疏导情绪的良方。

有一位富贾，对自己发泄怒气的方法如是说："当我自知怒气快来的时候，连忙不动声色地想办法离开，跑到自己的健身房。如果我的拳师在那里，我就跟他对打；如果拳师不在，我就猛力地捶击皮囊，直到发泄完自己满腔的怒火为止。"

疏导自己的情绪还可以把笔当作武器，把心中的话倾注在纸上，这是一种自我宣泄的方式。一般来说，通过写诗、记日记等就能够有效地宣泄郁积在心头的不平之气，使情绪恢复平静。同时，人们在情绪失衡状态下的感受，是非常有意义的一种体验。

疏导情绪还有一个比较特别的方法，就是在小事上发怒，大事镇静。这听起来是不可思议的，但是事实证明这样是非常有效的自我调控情绪的方式。

比特就是对小事容易发脾气，而对于大事却能若无其事的人。

有一天他把一盒雪茄烟遗忘在汽车里了，过了一会儿他记起来了，便回头去找，但是却已不见踪影。他非常愤怒，大声吼叫起来，旁边站着的人以为他是掉了很贵重的烟。

但事实上却是5分钱一支的雪茄烟，一共不过2元5角钱而已。而这次的情况，要和那次损失一笔大款项时的情况比起来，简直是天壤之别，让人难以置信是一个人所为。

那正是经济恐慌时期。比特先生因卧病在床，有几天没出去。可就在这几天里，银行因几笔款项而损失了大约3万元，而且是没有担保的。后来，当别人把这一损失告诉他的时候，他却只用手摸着头发，想了一想，然后说："算了吧，如果不打破几个蛋，是做不成软煎蛋的。"

拿破仑·希尔告诉我们，如果因小事而急躁，就找一种发泄的办法，然后平和起来，保持你的精力，以准备大事临头时应付，因为大事是要极大的自制力的。

还有一种疏导情绪的方式就是好好地休息一下。好好放松一下自己的心情，或是去游历，或是去散步，或者至少你要找出使你烦躁的原因，然后再想办法解决。

大银行家斯提尔曼冲着银行里的一个高级职员大发雷霆，其间还夹杂着各种冷嘲热讽，那位可怜的职员站在他面前低着头，一言不发。最后的几句话尤为残暴，以至于那不幸的职员只能战栗，大颗的汗珠布满额上。

在斯提尔曼痛骂这位职员的时候，旁边还有一位朋友。那朋友与他相交了十几年，可以说无话不谈，等他骂完了，他的朋友就忍不住对他说："斯提尔曼，我一生中从没有看见过像你这样粗暴的人。这个人在你银行里身居重要的职位，而你当着一个朋友的面侮辱他！假如你激怒他马上用刀把你刺死，我都不会觉得稀奇！一个人不能如此对待别人，或是任自己这样放纵。我想你的神经几乎要崩溃了，不能再留在办公室里了！"

斯提尔曼听了这种斥责静默不动，他的脸色潜伏着愤怒，手里的钢笔不住地在桌上敲着。朋友过了一会儿就离开了，临走之前他劝斯提尔曼最好能出去放松一下，如果继续待在办公室一定会发疯的。

斯提尔曼究竟还是很聪明，他冲了一杯咖啡，使自己冷静下来，他分析自己这种爆发乃是长期许多琐碎的急躁造成的结果，而现在已经达到一种崩溃的时期了。于是他听从了朋友的建议，到别处休息了一段时间，彻底地放松了紧绷的神经。等到回来时，他的心情已经好多了。

总之，疏导情绪的方式很多，重要的是把自己心中的烦脑和不安合理释放出来，使自己尽快从坏情绪的阴影中走出来。

心理解脱

每个人都要了解自己的情绪，寻找一种适当的宣泄方式，这其中关键是找准疏导渠道。适度地发泄自己的情绪会像夏天的暴风雨一样，能净化周围的空气，能倾吐出胸中的抑郁和苦衷，能缓解紧张情绪，可以使人变得轻松愉快。

3. 用希望消除内心的不安

　　希望，是引爆生命潜能的导火索，是激发生命激情的催化剂。一个人，只要活着，就有希望。只要抱有希望，生命便不会枯竭。

　　当我们遇到挫折或困难时，当我们孤独，悲痛伤心无望时，当我们处在荒凉的孤岛，无处藏身时，最可怕的就是自己失去斗志和信心，失去了从苦难中走出去的希望。

　　有一支探险队在茫茫无垠的沙漠中，负重跋涉着前进。

　　沙漠中烈日炎炎。干燥的风沙漫天飞舞，而口渴如焚的队员们没有了水。

　　当队员们失望地准备把生命交付给这茫茫戈壁时，探险队队长从腰间拿出一只水壶。说："这里还有一壶水。但穿越沙漠前，谁也不能喝。"

　　水壶从队员们手里依次传递开来，沉沉地，一种充满生机的幸福和喜悦在每个队员濒临绝望的脸上弥漫开来。

　　终于，探险队员们一步步挣脱了死亡线，顽强地穿越了茫茫沙漠。当他们相拥着为成功喜极而泣的时候，突然想到那壶给了他们精神和信念以支撑的水。

　　拧开壶盖，汩汩流出的却是满满一壶沙。

　　无论生命处于何种境地，只要心中藏着一片清凉，生命自会有一个诗意的栖息地。

　　人生最宝贵的财富是希望，所以罗素说："从感情上讲，未来比过去更重要，甚至比现在还重要。"

　　古希腊之神普罗米修斯为人间盗取了天火之后，众神之王宙斯不仅严惩了普罗米修斯，还决定向人类进行报复。他让美女潘多拉带着一个宝盒来到人间，当这个宝盒被潘多拉打开时，有数不清的祸害从里面飞了出来，布满尘世，而盒盖重新盖起来时，里面就剩下一件东西，那就是"希望"。

在这个世界上，有许多不可预料的事情，只要我们遇到事情的时候，给自己一个希望，我们就有信心和勇气面对突如其来的种种不幸和困难。

在一次航海旅行中，由于海风袭来卷起很大的浪潮把他们乘坐的船打沉了，船上人员死伤无数。有一个人却侥幸获得一个救生艇而幸免，他的救生艇在风浪上颠簸起伏，如同树叶一般被吹来吹去。他迷失了方向、救援人员也没有找到他。

天渐渐黑下来，饥饿寒冷和恐惧一起袭上心头。灾难使他除了这个救生艇之外，一无所有，他的心灰暗到了极点，无助地望着天边。

忽然，他看到一片片耀眼的灯光，他高兴得几乎要叫了出来。他奋力地划着小船，向那片灯光前进，然而，那片灯光似乎很远，天亮了，他也没有到达那里。

但是他没有死心，仍然继续艰难地划着小船，他想那里既然能看到灯光，就一定是一座城市或者港口，生的希望在他心中燃烧着。

白天时，灯光看不清了，只有在夜晚，那片灯光才在远处闪现，像是对他招手。

就这样，三天过去了，饥饿、干渴、疲惫更加严重地折磨他。有几次他都觉得自己快要崩溃了，但一想到远处的那片灯光。他又陡然增添了许多力量。

第四天，他依然向着那片让他有生还希望的灯光划着。最后，他实在是支撑不住了，就昏倒在艇上，虽然如此，但他脑海中却始终闪现着那片灯光，依然认为自己能够活着到达那片有灯光的港湾或码头。

到了晚上，终于有一艘经过的船把他救了上来。当他醒来时，大家才知道，他已经不吃不喝在海上漂泊了四天四夜。

当有人问他是怎么坚持下来时，他指着远方的那片灯光说："是那片灯光给我带来了希望。"

大家顺着他手指的方向望去，那里没有所谓的灯光，只不过是天边闪烁的星星！

在我们生命的旅途中，一定会遇到各种挫折和困难。只要不放弃希望，心中有一个坚定的信念，努力地去寻找，就一定会渡过难关。

心理解脱

希望是指引人生前行的灯塔，只要心中存在希望，我们就有奋斗和努力的方向，黑夜虽然漫长，但只要向着远方的灯塔前行，就一定能够走出黑暗，迎来灿烂的朝阳。

4. 强忍泪水等于自杀

用伤心的眼泪缓解伤悲，用真实的情感缓解消极的情绪。伤心总是难免的，英雄有泪就轻弹。

笑固然有千般好，但是想哭的时候也不能强忍眼泪，适当的哭能有效地释放压力，哭也是释放情绪的有效方法。在这个尊崇强者的时代，眼泪成为懦弱的象征，不仅"男儿有泪不轻弹"，女人也开始学会不轻易流泪了。其实，并非所有的眼泪都代表懦弱；哭也并非懦弱的表现，不哭的人也不一定就坚强。

在你内心备感悲伤、委屈或精神遭受重大创伤时，往往有想哭的感觉，这个时候如果强忍不哭，把眼泪往肚子里咽，那么这种悲伤情绪或压抑感会使你出现精神不振、情绪低落，严重的会影响食欲和睡眠，甚至会造成抑郁症等精神疾病。有些精神分析专家认为，如神经性气喘这样的疾病，就与"强忍不哭"密切相关，喘病发作时常有喘息的啜泣，很像欲哭无泪；还有偏头痛以及人们常有的胸口发胀、咽喉肿塞、脑袋胀痛等不适感觉，都与过度抑制有关。

有的心理学家曾经指出，强忍眼泪等于自杀。这绝不是危言耸听。所以，不要强忍泪水，当哭则哭。

研究发现，情绪性的眼泪不同于反射性眼泪，它含有一种化学物质，会引起血压升高，心跳加快和消化不良，这些有毒物质，其实就是心理郁结的产物。如果把这些物质排出体外，对身体自然有利。据观察，长期压抑、不流眼泪的人，患病的概率要比常哭泣的人多一倍。

俄罗斯家庭心理医生纳杰日达·舒尔曼说，眼泪曾经被证实是缓解精神负担的"良方"。最明显的例子是神经性胃炎的消化道疾病。当情绪紧张时，胃开始一阵阵痉挛性疼痛。这实质上是胃在"消化"你的紧张情绪，是一种心病。假如这时你能大喊大哭一场，把委屈挥洒掉，这个病就会不药而愈。

有一位中年妇女，母亲去世，丈夫又患了癌症。在数月里，她一直感到胸部疼痛不已，精神抑郁，吃药也不见效，不得不去医院认真地检查。当她把一切告诉医生时，眼里充满泪水，可是还克制着不让眼泪流下来。

医生对她说："你可以在这儿哭，哭出来就好多了。"

于是这位中年妇女突然痛哭起来，足足哭了十多分钟。几天以后，这位妇女的胸痛明显减轻了。

哭不能解决根本性的问题，但是，哭可以缓解紧张情绪，消除积蓄已久的压力或悲伤。所以，人们大可不必给哭的人贴上弱者的标签，把哭与弱者联系在一起。

这里提倡哭，并不是不分场合地乱哭，而是在想哭、该哭的时候就哭，不要强制自己，应该指出的是，只有内心的委屈和不幸达到一定程度时，放声大哭才有效果。如果一遇到不顺心的事就哭哭啼啼，悲悲泣泣，反而加重不良情绪。

"伤心总是难免的"，女孩子遇到伤心事，可以通过大哭一场来释放悲伤，可男士们却"英雄有泪不轻弹"、"大丈夫流血不留泪"，为了所谓的大丈夫气概，就是在极度悲伤时，也强行压抑着自己，"打落牙齿和血吞"，就是不愿哭出来。有些男人更是"英雄流血不流泪"的典范。可是这种做法对健康危害极大。所以有学者提出：男士们不妨向女士学习，该笑则笑，该哭则哭。

想当初，混沌初开，洪水泛滥，鲧从天帝那里偷来"息壤"，想要堵住洪水，最终不但没把水堵住，水势反而更加凶猛，让百姓受灾更重，最终自己还落个斩首示众的下场。后来，他的儿子禹放弃父亲的方法，带着大伙开山掘土，利导水势，这才治好了洪水，还坐上了王位，成了万民景仰的楷模。可见"水非导不利"。

人的不良情绪如果得不到及时适当的疏导，长期积累，一旦爆发起来，就会冲破理智的"息壤"，那时就不可收拾了。

痛苦与烦闷不能忍着放在心里，否则，情感势能一旦达到无法控制的时候或被触动到要害位置，就会"冲堤而破"，像山洪暴发，一发而不可收拾，一泄再泄，到后来形成心理疾病，后果严重。

心理解脱

真正的强者从不掩饰懦弱的自我，"发乎于情，止乎于心"的哭是人的本性。不要以为不哭就是真的坚强，能及时把痛苦和委曲哭出来，对你的身心健康大有益处。切记放声大哭之后要勇敢地放下思想包袱，不能让这种情绪延伸到私人空间。

5. 消除敌对情绪

郎加纳斯纳说过："一个人的敌意来自于他那阴暗的心理和对别人的不信任，即使他并不明白别人在想些什么，他也会在那里怀疑别人怀有不良的动机。"

现实生活中，有一部分人对别人常抱有一种敌对情绪，由此而产生愤怒，产生报复心理。这种敌意是一种有害的情绪，不仅会伤害别人的善意和情感，而且对自己的身心健康极为不利。

那么，有没有可能缓和一个人的敌对情绪，使之成为一个相信别人的人呢？答案是肯定的，即你要想尽办法消除敌对情绪。地产经纪人戴约瑟就是运用这个原则对付他人，避免自己受到伤害的。

有一次，是政府请他在斐尔佛拍卖 1898 栋房子，在新泽西的卡漠登附近，这个市镇是从前战争时为造船的工作所建设的。

当戴约瑟到达斐尔佛时，那些租房子的工人大声吼叫着，说是政府叫他们搬到这里来的，现在又要把他们赶出去。但是经过调查，在这 1898 家人之中，在战时搬来的只有 3 家。其余都是后来自动搬来的。戴约瑟明白，如果自己和他们争论，指出他们的错处，肯定收不到较好的效果。因为争论——即便你是对的——并不能打消别人的愤怒。

于是，戴约瑟在规定的时间一个钟头前，便开始拍卖，这样便避免了拍卖时正是群众愤怒达到高潮的时候。而且他知道最初选定房子的那个房客是急于想买到手的。

戴约瑟说："我预料到那个房客马上便会出价来买，结果他一定会买到。这样他就很快乐，周围的人见了也会很快乐。这样便能消他们的气，因为他们所气愤的，就是政府要把他们赶走。

"一切如我所预料的进行得很顺利。那个房客得到了那所房子，人们都欢呼着，我也帮着欢呼。这样，他们便开始出了一点气。当欢呼完毕以后，我便带头喊着：'现在我们大家来叱骂拍卖者吧。'此时好像有十几个火车头出气的叫声一样。这成千的人群的确是出了气。叱骂完毕之后，大家又大笑起来。我和他们一同大笑。我知道这些本来想打我的人如果要把我带走，一定是把我抬在肩上。"

这群人本来计划着想打伤戴约瑟以发泄他们的气愤。但是戴约瑟很聪明，他先想办法消除了人们的怒气，结果不但使自己未受伤，而且房子也在最短的时间内拍卖了。

那么，如何使自己成为一个像戴约瑟那样的人，在环境对自己不利时，消除人们对自己的愤怒情绪呢？

当与人为敌的思想在我们的头脑中出现的时候，要用理智来克制自己的感情。这时千万不能发脾气，理性常常会帮助我们克制自己的怒火；使敌意怒气渐渐消除、化解。

遇事千万不可鲁莽，应当设身处地替别人多想一想，这样我们才能理解别人的观点和别人的行为举止，在大多数场合，你这样做了，就会发现自己的愤怒此刻已消失得一干二净。另外，幽默能缓解矛盾，使人们融洽和谐。在生活中人与人之间难免会发生摩擦或误解，而一个得体的幽默，往往能使双方摆脱困窘的境地，使愤怒失去它的爆炸性。

人生只有学会为别人喝彩时，才会走向成功、成熟！

学会为别人喝彩，往往会解除许多不必要的烦恼忧愁，可以从"自寻烦恼"中解脱出来。学会为别人喝彩，可以从他人那里寻找自身存在的价值，其内心深处都有被重视、被肯定、被崇敬的渴望，当这种渴望实现时，人的许多潜能和真善美的情感便会奇迹般地激发出来。一个人在为别人高兴的同时，看到别人的长处和优点，从而取人之长，补己之短，也能减少自己许多苦恼。

为别人喝彩，实际上是向别人的长处学习取经，从中汲取营养，来充实自己。并在为别人鼓掌喝彩的同时来增强自信心，也是为别人所取得成绩和成功的赞许和肯定，对别人也是一种价值承认，对于增强彼此友谊，融洽感情都是大有裨益的。我们都应有"别人快乐我高兴，别人光荣我幸福”的胸怀和气度，加强自身品格、情操、道德修养，学会尊重人、关心人、理解人、鼓励人、支持人。多为别人高兴，就是在为自己加油；多为别人高兴，对自己也是个鞭策，也能构建和谐美好的人际关系。

心理解脱

敌意和愤怒会给自己产生很大的危害，我们必须重视，生活中，要学会心平气和地对待他人，这样也会用理智的方法消除他人的愤怒，从而使自己免于伤害。

六、凡事都得看得开

　　人生坎坷，不可能一帆风顺，事事称心如意。有时我们会郁郁寡欢，有时我们会手舞足蹈，有时我们会暴跳如雷，有时我们会欢声笑语。不同时候伴随我们的心情也是千变万化的。我们要调整好自己的心态，保持一颗宽容而快乐的心，不要老是停留在狭隘的阴影中自寻烦恼，凡事都要看开点，没什么大不了，相信船到桥头自然直，一切都会过去的。人生只有快乐才是最重要的。

1. 宽容是最大的智慧

人们之间需要宽容，宽容往往能得到别人的尊重。宽容是联络情感的纽带，是一种修养，一种品质，一种美德，宽容更是一种智慧。

"处处绿杨堪系马，家家有路到长安。"宽厚待人，容纳非议，乃事业成功、家庭幸福的美满之道。宽容别人，其实就是宽容我们自己。多一点对别人的宽容，我们生命中就多了一点空间。有了宽容，我们的人生路上才会有关爱和扶持，才不会有寂寞和孤独，宽容的人心中永远都是一片晴天。

然而，人们处世的天性，通常就是当别人做错事的时候，喜欢责备别人。而批评就像我们养的家鸽，无论你把它放飞到哪里，它终是还会回来的。也就是说，我们的批评不仅会伤害别人，也会伤及自身。

生活中，我们都不喜欢受人指责。许多事实证明，因批评引起的愤恨，常常会使员工、家人和朋友情绪低落、做事没有精神，而对于应该改进的状况，却一点作用也不起。所以，当你要指责别人的时候，不如用宽容来代替。

南北战争的时候，林肯任命的将领一个个相继惨败，几乎使林肯陷入绝境。全国有半数以上的人指责林肯用人不当，但林肯"毫不怨天尤人，宽容地保持缄默"。他最喜欢的一句名言是："不要评论人，免得被人所评论。"

当时，连林肯夫人都极力谴责南方人，林肯却对她说："不用责怪他们，这样的情况换上我们也会如此。"

1863年，盖茨堡战役开始了，7月4日晚上，维得将军率兵击退了李将军。李将军带着败兵逃到波多马克河边，面对前方高涨的河水与后方追击的政府军，李将军进退两难，他们此刻已成瓮中之鳖。这时要彻底击溃李将军的残余军队，内战很快就可以结束。对此天赐良机，林肯信心十足地用电报命令维得将军，"立刻出击，不用通知召开紧急军事会议。"随即，又另派特使督办维得将军马上行动。

但是维得将军并没有按照林肯的指令去做，他完全违背林肯的命令，先行通知召开紧急军事会议。而后又迟疑不决，一拖再拖。最后，水退了，李将军带领军队越过波多马克河逃走了。

林肯闻知此事，勃然大怒。在失望、痛苦之余，林肯坐下来给维得将军写了一封信。此时的林肯早已经不是年轻时的林肯了，这时的他连遣词造句都比以前保守克制。但是，这封写于1863年的信，仍然体现了林肯内心的极大不满：

我亲爱的将军：我不相信你能懂得因李将军逃走一事所导致的严重后果。他本来在我们的掌握之中，而且，只要他一就擒。加上我们最近获得的胜利，战争即可结束。现在，战争可能会无限期地持续下去，上星期你不能顺利擒得李将军，如今他逃到波多马克河以南，你又如何能保证成功呢？我无法期望你改变形势，而我也并不期盼你现在会做得更好。良机已经失去，我实在感到无限的痛。

林肯在写完这封信之后，望着窗外，心里想：慢着，也许我不该如此匆忙。如果我不坐在这安静的白宫里，如果我身在战场，像维得将军一样每天看见许多人流血，听见许多伤兵的呻吟，也许就不会急着要进攻了，如果我的性格跟维得一样柔弱，大概也会做同样的决定吧！无论如何，大错已经铸成，把这封信寄出，除了让我一时觉得痛快以外，没有别的用处。维得会为自己辩解，会反过来攻击我，这只有使大家都不愉快，甚至危及他的前途，以至于迫使他离开军队而已。

于是，这封信没有被寄出，它被永远地收藏了起来，林肯宽恕了维得。后来，维得与林肯一直保持着良好的关系。林肯的宽恕也成为罗斯福及许多后人的典范。试想，如果维得将军拜读了此信之后，会有何感想？又会有什么反应呢？

生活中，谁都避免不了犯错，也许有时一时的失误就酿成了大错，指责是理所当然的，但是事实已经无法更改，再多的指责和批评也无济于事，所以选择宽恕远比大发雷霆要聪明得多，宽恕是人生大智慧的体现。

和林肯一样。拿破仑也是一个胸怀宽广的人。拿破仑曾率领部队宿营在一个小镇，这个小镇盛产葡萄，当天夜里，一个士兵感到口渴，一时找不到水，就悄悄地来到葡萄架下偷吃了一串葡萄。

第二天一大早，葡萄园主发现地上的葡萄皮，立刻判断是来此宿营的士兵偷吃了葡萄，他找到拿破仑很生气地说："你手下人偷吃了我的葡萄，必须查出来是谁干的！"

拿破仑开始并不相信自己的士兵会偷吃葡萄，但是当他来到葡萄架下，看到了地上的葡萄皮时，就忙向葡萄园主赔不是，并拿出钱给他，这才让葡萄园主停止了发火。

拿破仑向帐篷走的路上很气愤，心想一定要严厉查办偷吃葡萄的士兵。但他一会儿又冷静下来，告诉自己要容忍住，因为眼下正是用人之际，处罚一个人是小事，但会影响到全军士兵的士气。况且，长年累月的战争，士兵们吃尽了苦头，看见诱人的葡萄能不流口水吗？

这样想了一会儿，拿破仑决定放弃查办偷吃葡萄的士兵，但是又不能就这样不动声色让这件事过去，毕竟偷吃葡萄是不对的。于是，他在早操的训话时，顺口说了一句："有人因为太渴，没有经上司批准，也没有跟葡萄园主打声招呼，就吃了人家的葡萄，这是不对的，有失军纪。不过我已经向葡萄园主赔礼道歉，他也原谅了，这件事也就不再追究了。我希望像这类擅自拿老百姓东西的行为不要在我的部队中再发生。"说罢他宣布早操集训结束。

当天中午，向拿破仑告状的葡萄园主竟拎着满满一篮子葡萄，来到了部队驻地慰问官兵，并向战士们说："你们有这样一位长官真是荣幸，他爱护你们像爱护自己的子女一样。"拿破仑掏钱给他，葡萄园主不肯收，拿破仑告诉他："我的部队从来不会无偿收取百姓的东西，这是军规，请你不要让我们破坏这军规，好吗？"

葡萄园主立即问："那么，你为什么不处罚那个偷吃了葡萄的士兵呢？"

拿破仑回答道："眼下正是士兵出生入死的时候，他们的表现一直很优秀，如果拿一点小事去衡量一个人的功过对错，那就未免有些小题大做了。"

当时，在场的士兵无不感动，那位偷了葡萄的士兵勇敢地站出来，他向拿破仑行了一个军礼，说："葡萄是我因找不到水喝，一时丧失意志，偷吃的，请处罚我吧!"

但是拿破仑没有处罚他，而是拍了拍士兵的肩膀，说："这一回，我能谅解你，但以后要加强自我约束。"

那位士兵对拿破仑的宽恕感激不尽，后来跟随拿破仑转战南北，每次战斗他都勇敢顽强，冲锋在前，立下了赫赫战功。

宽容是一个人修养、智慧的体现，宽容不仅仅能够得到对方的感激和尊重，有时还能转化为一种无形的力量，激励人们更加勇敢和顽强，就像那位士兵一样。

心理解脱

生活中只有那些不够聪明，缺乏理性的人才喜欢批评、指责和抱怨别人。的确，很多愚蠢的人都会这么做。当然，善解人意和宽恕他人需要有修养自制的功夫。一个人要懂得用宽恕代替指责，这样，可以为自己的人际关系交往拓宽道路。

2.海纳百川，宽容为大

法国 19 世纪的文学大师雨果说过："世界上最宽阔的是海洋，比海洋宽阔的是天空，比天空更宽阔的是人的胸怀。"

大度容人是做人的一门艺术，宽容精神是一切事物中最了不起的行为。古语有"宽以济猛，猛以济宽，宽猛相济"、"治国之道，在于猛宽得中"的宽容之说，古人就以此作为治国之道，说明宽容在社会中所起的重要作用。宽容，是自我思想品质的一种进步，也是自身修养，处世素质与处世方式的一种进步。

古时候，有一位国王，他纵横亚欧大陆，战无不胜，攻无不克，建立了不朽功勋。有一次这位国王来到了俄罗斯的西部，决定一人出外去考察地形。

他孤身一人来到一个乡镇，住进了一个小客栈。为进一步了解民情，他穿着没有任何特殊标志的平民衣服，围绕着小镇四处漫步，和居民交谈。

在街道上转了一圈之后，这位战功赫赫的国王竟然迷了路。回不了那个客栈了。这时，他打听一下方向。便走向一位军官，问这位军官："朋友，请问一下去客栈的路怎么走？"

那位军官看起来还很年轻，他瞥了这位"平民"一眼，嘴里叼着的大烟斗都没有取下来，含糊不清地说："朝右边走。"

"谢谢！那么请问从这里到客栈还有多远？"国王又问道。

"1000 米！"这位军官显然有些不耐烦了，看都不看这位国王一眼。

国王道了谢，准备离开，可是看着那位军官高傲的神态，他又改变了主意，回过头来微笑着说："请原谅，我想再问你一个问题，你的军衔是什么?"

年轻的军官顿时来了精神,对着国王说:"你猜一下!"

国王故意说:"是中尉?"

军官拿下嘴里的烟斗,撇了一下嘴,意思是说太低了。

"上尉?"

年轻的军官显得很神气的样子:"还要高些。"

"那么你是少校?"

"是的!"年轻的军官显得很骄傲,又把手中的烟斗放进了嘴里。国王于是很敬佩地给他敬了一个军礼。

"你也是军人?"看见国王那标准的敬礼动作,少校有些诧异。

"是的。"

少校很仔细打量了一下国王,问道:"你是什么军衔?"

国王乐呵呵地看看少校,用少校先前的语气说道:"你猜。"

少校对国王用他的语气说话有些不满,说道:"中尉?"

"不是。"

"上尉?"

"还不是。"

少校走近国王,仔细看了看,说道:"那么你也是少校?"

国王笑着摇了摇头。

少校脸上的骄傲已经没有了,烟斗也从嘴巴拿了下来,用恭敬的语气问道:"那么您是部长或者将军?"

"快猜中了。"国王对他表示嘉奖地点了点头。

"陆军元帅吗?"少校怀疑地问道。

"少校同志,你还可以再猜一次。"

少校两腿一软,扑通跪倒在国王面前:"国王陛下,请原谅我的无礼! 请饶恕我!"

"我饶你什么呢? 还应该感谢你,你为我指明了去客栈的方向,尽管你的态度不太好,但是可以改正的,不是吗?"

说完,乐呵呵地走了。

中国有名俗话,叫做"宰相肚里能撑船"这也许就是这位国王能成就一番伟业的原因之一吧。

同样，麦金利在任美国总统的时候，特派某人为税务主任，但被许多政客所反对，他们派遣代表见总统，要求总统说出派那人为税务主任的理由。为首的是一个国会议员，他身材矮小，脾气暴躁，说话粗声恶气，开口就骂总统。如果当时换成别人，也许早已气得暴跳如雷，但是麦金利却视若无睹，不吭一声，任凭他骂得多难听，然后他用极温和的口气说："你现在怒气应该可以平和了吧？按理你是没有权力这样责骂我的，但是，我现在仍然愿意解释给你听。"这几句话把那位议员说得羞惭万分，但是总统不等他道歉，便和颜悦色地说："其实我也不能怪你。因为我想任何人，都会大怒若狂。"接着他把任命理由解释给这位议员听。

没等麦金利总统解释完，那位议员已被他的大度折服。他私下懊悔刚才不该用那样恶劣的态度去责备一位和善的总统，他满脑想的都是自己的错。因此，当他回去报告抗议的经过时，他只摇摇头说："我记不清总统的全部解释，但只有一点可以报告，那就是——总统并没有错。"

毫无疑问，在这次交锋中，麦金利占据了上风。为什么他能占据上风？就是因为他的宽宏大量。正所谓：退一步，海阔天空，让三分，心平气和。对于别人的过失，必要的指责无可厚非，但若能用有容乃大的胸怀去宽容别人，就会让人生世界变得更精彩。

心理解脱

"海纳百川，有容乃大。"大海因为能够容纳千百条河流，所以浩瀚无边。生活中，一个心胸宽广如大海可以包含一切的人一定是个受人尊重而又伟大的人。选择大度，就是赢得了宝贵的人生财富。

3. 遇事不钻牛角尖

日出东海落西山，愁也一天，喜也一天；遇事不钻牛角尖，人也舒坦，心也舒坦。

生活中我们遇事要学会变通，千万不要一条路走到头，撞了南墙也不回头，有时我们不妨转换一下思路，牛角尖里调个头，眼前就会豁然开朗了。

有一则脑筋急转弯这么说："一个人要进屋子，但那扇门怎么拉也拉不开，为什么？"回答是：因为那扇门是要推开的。生活中我们有时会犯一些诸如只知拉门进屋，不知推门的错误。其中的原因很简单，就是我们有时遇事爱钻牛角尖，不会变通。

有些人看待事情就是一条路走到黑，不知道转弯，也不知道回头，其实这就是爱钻牛角尖。即使知道前面的路会越来越窄，但是只要还有一点空隙，这些人就会一往无前地走下去，直到卡在里面，进出不得才悔不当初，但是这个时候已经太晚了。

大多数人都听说过章鱼，甚至还有很多人吃过章鱼。它是一种身体很柔软的动物，其柔软的程度让人惊叹：一只几十斤重的章鱼，科学家做过试验，哪怕是硬币大小的洞，一只成年章鱼也能够很轻松地穿过，这种动物因为有了这种特长，最喜欢做的事情就是在海螺壳里面藏身，然后伺机猎杀鱼虾。然而这种特长和脾性最终也给章鱼自己带来了杀身之祸。

渔夫利用这一特点把瓶子放下去，让章鱼自投罗网。很多时候人们就像章鱼一样，看见了瓶子就使劲往里钻，结果把自己送进了不归路。

《吕氏春秋》中记载：有一个楚国人搭船过河，一不小心，身上的剑掉进了河里。同船的人都劝他下水去捞，但他却不慌不忙，从身上拿出一把小刀，在剑落水的船边刻了个记号，有人问："做这个有什么用啊?"他回答说："我的剑就是从这个地方掉下去的，我做个记号，等会儿船靠岸时，我就从这个有记号的地方下水去把剑捞回来。"船靠岸了，他就照这样的办法去找他丢失的剑，结果自然什么也没有找到。

刻舟求剑，是一种刻板的、不知变通的思维方式。有时候我们的思想就像那把剑，环境的大船已经变了，而我们却还在那里原地不动；现实生活中有时候我们也会犯刻舟求剑的错误。

俗话说："变则通，通则久。"只要我们学会变通，许多事情都能变不可能为可能，都能变坏事为好事。

话说有两个推销员到非洲去推销皮鞋。由于天气炎热，非洲人都是打赤脚。第一个推销员看到非洲人都打赤脚，立刻失望起来："这些人都打赤脚，怎么会要我的鞋呢?"于是，他沮丧而回。另一个推销员看到非洲人都赤脚，惊喜万分："这些人都没有皮鞋穿，我的皮鞋市场大得很呢!"于是，他想方设法引导非洲人购买皮鞋，最后他发大财了。

第一个不懂变通，一味钻牛角尖，总以为牛不喝水，便不能强按头。第二个则不然，他会变通一下，给牛吃点盐，不就能让牛喝水了嘛!

心理解脱

在我们办事的过程中，要学会根据不同的情境或对象，采取不同的方法和策略，灵活应对，以达到良好的目的。因此，拐弯抹角，藏锋不露，也是一种办事艺术。

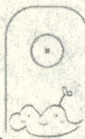

4. 狭隘的恶果随处可见

心胸狭隘不仅仅会失去朋友，更重要的是失去了自己的快乐和健康。

心胸狭隘会使人承受挫折能力降低、情绪不佳，无法结交更多交心的朋友，因此狭隘是百害而无一利，因此我们要开阔视野，拓宽心胸，广阔的大海会让你感到自己的渺小，登高望远，可感受"登泰山而小天下"的豪迈气概，从狭窄的个人圈子中走出来，就不会像"井底之蛙"那样鼠目寸光，只看到自己一时的得失了。

俗语说"笑一笑，十年少；愁一愁，白了头"。虽说有些夸张，却道出了人的心境、情绪与健康的关系。在现实生活中，往往有些人神情沮丧、郁郁寡欢，问起实际年龄，常会使你吃惊地感到其衰老程度确实与实际年龄不符；而笑口常开、精神愉悦的人却比实际年龄显得年轻。

有一位专家曾针对这一现象，对不同性格人的生理变化进行了研究，从中得到了有趣的发现，即性格开朗的人，其基础代谢率较高，组织器官的新陈代谢较快，内分泌系统平衡协调，各项生命指标，如血压、脉搏等相对稳定；而心胸狭隘、忧郁的人，其结论正好相反。

在认识和评价别人的时候，我们常常免不了要受自身特点的影响。我们总会不由自主地以自己的想法去推测别人的想法，觉得既然我们都这么想，别人肯定也这么想。中国有句俗话"以小人之心度君子之腹"讲的就是这种情况。

用心理学的术语说，这叫投射作用，也就是说，人们总是喜欢认为别人与自己有某些相同的倾向，喜欢认为自己具有的某些特点别人也具有。例如，贪婪的人，总是认为别人也都嗜钱如命；自己喜欢说谎，就认为别人也总是在骗自己；自我感觉良好，就认为别人也都认为自己很出色⋯⋯

心胸狭隘、心情忧郁的人，好静不好动，饮食少而无规律，经常失眠，神经衰弱，爱发脾气、生闷气等。如果上述性格与生活习惯交互作用，会互相加剧，形成恶性循环，结果导致内分泌紊乱，组织器官因养分不足而过早衰老。性格开朗的人则喜爱运动，心胸开阔，乐观向上，这些良好的生活习惯与性格特点形成良性循环，有利于内分泌系统平衡稳定，他们的组织器官新陈代谢旺盛，从而使机体充满活力。

可见，不同性格的人，其生活习惯，直接或间接地影响到人的健康和衰老。

有些人对学习、生活中一点小小的失误就认为是莫大的失败、挫折，长时间寝食不安；有些人遇到一点点委屈或很小的得失便斤斤计较、耿耿于怀；有些人人际交往面窄，追求少数朋友间的"哥们义气"，只同与不超过自己的人交往，容不下那些与自己意见有分歧或比自己强的人。

狭隘的人，其心胸、气量、见识等都被局限在一个狭小范围内，不宽广、不宏大。要多与人接触，有时不同的人有不同的认识，从而积累经验，他们会从中明白许多对与错的道理。善于宽容是人的一种美德。对任何事都斤斤计较，一定是一个狭隘的人。受情绪、认识等的影响，这种人会产生一些盲目的行动，甚至会导致难以预料的后果。

贝尔太太是美国一位很有钱的贵妇人，她在亚特兰大城外盖了一座特别漂亮的花园。花园又大又美，吸引了许多来来往往的游客，他们毫无顾忌地跑到贝尔太太的花园里游玩。年轻人在绿草如茵的草坪上跳起了欢快的舞蹈；小孩子躲进花丛中捕捉蝴蝶；老人们蹲在池塘边垂钓；有人甚至在花园中央支起了帐篷，打算在此过他们浪漫的盛夏之夜。贝尔太太站在窗前，看着这群快乐的人们在属于她的园子里尽情地唱歌、跳舞、欢笑。她越看越生气，就让仆人在园门外挂了一块牌子，上面写着：私人花园，未经允许，请勿入内。可是这根本就不管用，那些人还是成群结队地走进花园游玩。贝尔太太只好让她的仆人前去阻拦，结果发生了争执，愤怒的路人竟拆走了花园的篱笆墙。

后来贝尔太太想出了一个更恶毒的主意，她让仆人把园门外的那块牌子取下来，换上了一块新牌子，上面写着：欢迎你们来此游玩，为了安全起见，本园的主人特别提醒大家，花园的草丛中有一种毒蛇。如果哪位不慎被蛇咬伤，请在半小时内采取紧急救治措施，否则性命难保。

这真是一个"绝妙"的主意，许多游客看了牌子后，对这座美丽的花园望而却步了。

几年时间，贝尔太太的花园因游人来得太少而杂草丛生，毒蛇横行，几乎荒芜了。孤独、寂寞的贝尔太太守着她的大花园，她非常怀念那些曾经来她的园子里的快乐游客。她对自己当初的狭隘想法懊恼不已。

与人相处应热情、直率，善于团结互助，融"小我"于"大我"之中。交往的增多，可加深彼此的了解与沟通，更透彻地了解别人与自己，开阔心胸，快乐地享受生活。

心理解脱

一个人活在世上，就要充分地挖掘生命的潜能，为社会作贡献，给别人、后人留下点有价值的东西。一旦把眼光放在大事上，自己一时的得与失则算不上什么，对整体、全局有利的人与事就都能容纳与接受，使眼光从狭隘的个人圈子里放出去。

5. 能容人处且容人

古人说："能忍自安，有容乃大。"善于容忍是中华民族的传统性格，是一个人有气度、有涵养的标志。人生在世，不可能一直平平坦坦，"阳光总在风雨后"就是忍耐在先，笑到最后的体现。

大名鼎鼎的金庸老人主办香港《明报》，为不少实力派作家开设专栏，但所付稿费偏低。作家亦舒要求提高稿费，金庸果断地予以拒绝。亦舒因此撰文骂金庸。金庸不恼不怒，平静地微笑着说："骂可以骂，文稿也照样登，但稿费不能增加。"大度者外表看似静若止水，内心却涌动着机敏与睿智，金庸之所以为金庸，基于此！

放眼我们周围，确有一些老者待人处世太小心眼儿。他们钓鱼因空篓归来而郁郁不乐，为一个门球失误而捶胸顿足，为一盘棋的输赢而不惜恶语相向，与大度大相径庭。缺乏大度，人将变得偏执，变得狭隘。在构建和谐社会的今天，身为长者而无长者的雅量，宁不赧然？

以冰雪之操自励则品日清高，以穹隆之量容人则德日广大。为人大度，才能生活得有尊严，生活得从容，生活得优雅。

生活中要想自己在为人处世方面能够做得比较周全，有一个相对轻松和谐的环境，与别人很好的相处，那么宽以待人是不可缺的。我国古来就有"君子宽以待人，严于律己"的处世方法。所谓宽以待人，就是指对他人的要求不过分，不强求于人，而是以宽容为怀，能让人时且让人，能容人处且容人。

然而，社会交往中，人与人之间总会有一些摩擦。可能有时候因为别人的一句无心之语，却被你理解成了挑刺、找碴儿，结果一头栽入了是非的泥潭中。还有的时候，确实是他人有心伤害你，但你的反击却产生了"越描越黑"的效果，事情没有办法澄清，却惹来一肚子气。其实在一些非原则性的是是非非面前，我们无须去计较什么，心胸开阔一点，时间自然会证明一切。

与人相处，总会产生一些小矛盾。千万不要做一个小肚鸡肠、神经过敏的人，否则你就会闲气缠身，是非不断，"退一步海阔天空，让三分心平气和。"忍让不是软弱可欺，也不是不敢相争。忍让是一个人大局观的体现，所谓"忍辱负重"就是这个道理。韩信能忍胯下之辱，勾践在吴国为奴为仆，这些人都是因为能够忍耐，最终获得了人生的成功。

宋朝有个叫吕蒙正的人，平日里就不喜欢与人斤斤计较，他刚任宰相的时候，有一位官员在帘子后面指着他对别人说："这个无名小子也配当宰相吗？"吕蒙正假装没听见，大步走了过去。其他参知政事为他愤愤不平，准备去查问是什么人敢如此胆大包天，吕蒙正知道后，急忙阻止了他们。

散朝后，那些参知政事还感到不满，后悔刚才没有找出那个说话之人。吕蒙正对他们说："如果知道了他的姓名，那么就一辈子也忘不掉。这样的话，耿耿于怀，多么不好啊！所以千万不要去查问此人姓名。其实，不知道他是谁，对我并没有什么损失呀。"在场的参知政事们都佩服他的气量大。

每个人都会经历背后说人和被人说的时候，别人说你两句，就让他说吧，只要无伤筋骨。和别人较劲，就是给自己找难受。

做人是这样，做事情也是这样。不过分吹毛求疵，凡事皆留有回旋的余地，对微末枝节的小事不妨让它过去，这乃是大部分中国人的处世为人的信条。

日本有一位修行有道的高僧叫白隐禅师。在白隐禅师住处附近有一对夫妇开了家店铺，他们有一个漂亮的女儿。时间长了，夫妇俩发现女儿的肚子无缘无故地大起来。这种见不得人的事，使得她的父母震怒异常！在父母的一再逼问下，这位姑娘吞吞吐吐地说出"白隐"两个字。

这对夫妻听完后怒不可遏地去找白隐理论，白隐静静地听完了对方的辱骂，只淡淡地应道："就是这样吗？"可事情并没有完，等那姑娘肚中的孩子降生后，姑娘的父母毫不犹豫地将婴儿抱给了白隐。这着实是一件让白隐禅师难堪的事，"一位出家的和尚，竟与民女通奸，还生了孩子，出的是哪门子的家？"街头巷尾议论纷纷。

这位白隐禅师为此名誉扫地，但他并不介意，他没有任何辩解，只是认真、细心地照顾着孩子——他向邻居乞求婴儿所需的奶水，买来其他婴儿用品，虽不免横遭白眼，或是冷嘲热讽，但他总是处之泰然，仿佛他是受人之托抚养别人的孩子一般，他只想让那个孩子天天健康、快乐地成长。

一年后，那位未婚妈妈感到良心不安，终于不忍心再欺瞒下去了，就如实地向父母说出了真相：孩子的亲生父亲是在鱼市工作的一名青年。于是姑娘的父母羞愧万分地去向白隐禅师赔礼道歉，并抱回孩子。

白隐仍然是淡然如水，在把孩子交还给他们时仍然只是轻轻说道："就是这样吗？"

生活中，我们也因为某些原因常被别人误会和指责，如果你事事都去解释或还击，往往会使事情越闹越大。这时不妨向白隐学习学习，把自己心胸放宽一些，没有必要去理会，难得糊涂，睁一只眼闭一只眼，这往往才是最好的解决方法。

人人都想躲是非。但如果你对人对事总是小肚鸡肠，那你就是在招惹是非了！不要总为一些无关痛痒的小事生气，心胸开阔点，离闲气远一点，快乐就离你近一点。

心理解脱

生活中，我们有时难免会被污蔑、误会，甚至名誉遭到诋毁，这时你也不必太过烦恼，我们不能每时每事都让人相信我们的清白，这时何不心胸开阔点呢？不要让是非影响了我们的生活，反正假的永远也真不了！

七、别跟自己过不去

生活中困扰太多，快乐太少。遇到烦恼和挫折时不要怨天尤人，不要自我谴责，因为生活中苦恼总是难免的，世界不会因人的意志斗转星移，很多事不像想象的那么完美。如果要走出烦心的困扰，就要学会原谅自己，不要总是为难自己，否定自我，不要给自己设限，走出自设的牢笼，不要跟自己过不去。

1. 不要给自己设限

　　人之所以能，是因为相信能。所以不要给自己设限，你的人生就没有限制。

　　人的悲哀不在于没有努力地去做某件事情，而在于他们总爱给自己设定许多的条件，这些条件无意间阻碍了他们想象的空间，以及创造的潜能和奋进的范围。其实质就是给自己的心套上了不可逾越的"玻璃罩"，把自己的欲望给扼杀了。所以，我们做事情时，许多时候是被我们自己打倒的，我们认为自己不能，所以我们办不到。

　　科学家曾做过这样一个实验：他们把跳蚤放在一个玻璃杯里，跳蚤马上就轻易地跳了出来。再重复几遍，结果还是一样。经过测试，发现跳蚤跳的高度竟达到了它身体的400倍左右，堪称世界上跳得最高的生物！

　　接下来实验者再次把这只跳蚤放进玻璃杯里，不过，这次是立即同时在杯子上加了一个盖子，"嘣"的一声，跳蚤重重地撞在盖子上。跳蚤十分困惑，但是它没有停下来，因为跳蚤的生活方式就是"跳"。在一次又一次碰壁之后，跳蚤开始变得聪明起来了，它开始根据盖子的高度来调整自己跳的高度。又过了一阵子以后，实验者发现这只跳蚤再也没有撞到过盖子，而只是在盖子下面自由地跳动。

　　一天后，实验者把盖子轻轻拿掉了，可是跳蚤还是在原来的这个高度继续地蹦跳。三天以后，他发现这只跳蚤还在那个高度蹦跳。

　　一周以后，这只可怜的跳蚤还是在这个玻璃杯里的那个高度不停地跳着，它已经无法跳出这个玻璃杯了！

　　跳蚤并不是不能跳出这个杯子。只是它的心里已经默认了这个杯子的高度是自己无法逾越的。很多人不敢去追求成功，不是追求不到成功，而是因为他们的心里也默认了一个"高度"。这个高度常常暗示自己的潜意识：这太难了，我根本就没有办法做到。"心理高度"是很多人无法取得成就的根本原因之一。这也就是我们常说的"自我设限"。

现代生活中，其实有许多人也在过着这样的"跳蚤人生"，年轻时意气风发，但是在屡败之后，就丧失了信心，要么开始抱怨这个世界的不公平，要么就怀疑自己的能力，然后一再地降低成功的标准，即使原有的一切限制已取消，就像刚才的"玻璃盖"虽然被取掉，但是跳蚤们早已经被撞怕了，或者已经习惯了，不再敢于挑战新的高度了。

无独有偶。自然科学家约翰·亨利·法伯也曾利用毛毛虫做过一次很不寻常的试验。这些毛毛虫总是盲目地跟着前面的毛毛虫走，所以它们又叫游行毛毛虫。法伯很小心地安排，使它们围着花瓶的边缘走成一个圆圈。花瓶的旁边则放了一些松针，这是毛毛虫喜欢的食物。毛毛虫开始绕着花瓶走，它们一圈又一圈地走，一连七天七夜，一直围着花瓶团团转。最后，终于因饥饿与筋疲力尽而死去。在不到 6 寸远的地方就有很丰富的食物，而它们却饥饿致死，因为它们把活动与成就弄混了。

生活中，不少人就像毛毛虫一样，放弃主宰自己的生命和命运，按别人的意愿过日子，却不能够自主地生活。这种人最突出的特点就是盲从，他们没有目标，就像一艘没有舵的船，永远漂流不定，所以只会到达失望、失败和丧气的海滩。

许多人犯了毛毛虫所犯的错误，结果只从丰富的生活中获得了很小的一部分。他们跟着大家绕圈子，根本不到别的地方去。他们遵循既定的方法与步骤，没有别的理由，因为"大家都那样做"和"大家都认为应该那样做"。其实，深究起来，这两个小实验的结果揭示了极为深刻的寓意。常人的悲哀不在于他们不去努力，而在于他们总爱给自己设定许多的条条框框，这种条框无意之间限制了他们想象的空间，以及创造的潜能和奋进的范围。看似一天到晚在忙碌，实际上自己已经套上了可怕的"金箍咒"，最终注定碌碌无为。

心理解脱

"自我设限"是人生的最大障碍，如果想突破它，我们就必须不怕碰壁，敢于打破自我设定的障碍，多一点超越，少一点盲从，世界就会不一样，不给自己设限，你的人生就没有限制，生活就会变得精彩。

2. 学会原谅自己

> 宽容自己就是爱自己，爱自己就是能原谅自己，只有能够原谅自己的人才会原谅别人，原谅别人就是快乐自己！

我们都曾被伤害，我们都曾迷茫徘徊过，同样，我们都像个受伤的狐狸，独自躲到树林里舔着伤口。但是我们的生活还要继续，我们的人生还在等待，我们不应该就这样作茧自缚下去。人应该学会善待自己，不论我们做错过什么，不论我们被伤害还是伤害过别人，我们都不要永远被它负累，要学会原谅自己。

在现代社会中，对自己要求苛刻，追求完美的人绝对不在少数，由于对自己苛责，很自然的他们也会对别人要求严格。要知道世间万物皆有缺憾，万事不可求全，接受自己，不仅接受自己的优点，也要接受自己的缺点，因为这才是真正的自己。对自己的缺点斤斤计较只会让自己陷入无穷无尽的烦恼之中。

小张是一位业务能力很强的部门经理，再难的事情到了他手里，似乎不费多大劲就能解决。所以上司非常器重他，他的薪水是全公司最高的，下属都非常尊敬他，其他部门的经理对他也很敬佩。他的妻子贤惠又漂亮，不久前刚生了个儿子。可是，后来听说他得了抑郁症，不得不辞职休息。

朋友都不理解，一个工作如意，家庭幸福的人怎么会得抑郁症呢？原来他对自己要求太苛刻了，他常常因为自己无法做到如他预想的那么完美而烦恼不已，对自己的苛责慢慢地也转嫁到了员工身上，他抱怨自己的下属素质不高，不能尽职尽责。他的内心总是被遗憾困扰，于是在工作中，他对员工的工作质量非常苛刻，这让员工觉得压力很大，很影响他们的工作热情，而他自己则时时承受着不能达到预期目标的痛苦。而他又不善于倾诉，时间久了，就患上了抑郁症。

能够原谅自己的缺点的人，自然就会原谅别人犯同样的错误。所谓推己及人、推人于己，这是一个相互印证的关系，在心理学上称为"移情"。从别人身上，可以反映出我们自己可能存在的问题，而每个人对待自己的态度，也可以反映出其对待别人的态度。

莫泊桑的作品《一生》中塑造了一位苛责自己继而苛刻待人的年轻牧师的形象。这位牧师是一位严格的禁欲主义者，他自己从不享受，也不能容忍他的教民享受。他像侦探一样监视年轻人，不让他们单独在一起。他的教民狂欢时，他会很气愤，他甚至不能容忍动物的分娩。所以在小说中，他从来形单影只，永远穿一件旧教袍，永远是一张阴沉的脸，永远是那么消瘦。没有人愿意与他交谈，人们并不怕他，有的只是厌恶和取笑。而他也因此更加痛恨享受生活的人们。

生活中，我们常常有这样的感觉：与一个不太讲究、"马马虎虎"的人交往，会感到愉快。因为这种人让人心情放松。相反，如果与一个生活呆板、苛求完美的人交往，自己也会变得拘谨，手足无措，这很累人。谁会愿意去接近一个让自己浑身不自在的人呢？

宽容自己就是爱自己，爱自己就是能原谅自己，就是承认自己也有缺点。不要老是感到愧疚，只要努力改进，不必苛求完美。宽容自己不是"自恋"、"自大"，"自恋"、"自大"是井底之蛙的轻狂，而宽容自己是一种境界，是对自己真正的爱。

不能宽容自己的人不仅对自己和别人要求苛刻，而且对自己曾经犯的错误也总是耿耿于怀。人无完人，为什么要抓住自己的小辫子不放呢？如果你肯原谅别人犯错，为什么就不能给自己一个犯错的机会呢？

有记者问当时已经 81 岁高龄的棒球老将康尼·马克，他是否为了输了比赛而烦恼过？他说："哦，有的，不过那都是年轻时的事了，近几十年，我再也不干这样的傻事了。"

"为什么是傻事呢？"记者不解地问。

"磨完的粉子不能再磨，水已经把它们冲到底下去了。人要懂得宽容和原谅自己！"

犯了错误时重要的，是记住教训，不断改进。如果你一直无法原谅自己的错误，日日责怪自己，早晚会弄得精神忧郁，神经紧张，健康会受到威胁，生活会陷于冷遇，朋友越来越少。如此往复，宽容离我们越来越远，幸福快乐也离我们越来越远，以至于前面的路越走越窄，总有一天会无路可走。

人生就像一艘航行中的船，成功和别人的认同就是顺风，犯错与自责则是逆风，不论顺风或逆风，船都要前进。宽恕自己就是把犯错与自责的逆风化为成功的推力。

既然我们可以宽容他人，为什么不能让自己也得到这种仁慈的对待呢？没错，我们是犯了错。但除了看不见的上帝，谁能无过？犯了错说明我们是凡人，不表示就该承受无尽的、严厉的折磨。

假如我们知道正视这种错误的存在，并能由错误中学习，以确保将来不会发生同样的憾事，就应该获得绝对的宽恕，接下来就是把它忘了，继续前进。人的一生中犯的错误可多了，要是对每一件事都深深地自责，一辈子都背着一大堆罪恶感过活，你还能奢望自己走多远？

为了自己，为了他人，我们都必须接纳自己，宽容自己。要知道，情绪是可以传染的：父母会因为你的自责而苦恼；子女会以你为榜样，他们不但会为难自己，也会为难你；朋友会因为你的苛责而自责，并会因此对你敬而远之；同事会以你对自己的态度对待你、看轻你、疏远你。

如果我们不懂得宽容自己，对自己的缺点和错误斤斤计较，自然也会苛求别人，别人就不会喜欢我们，然后我们又会责怪这个世界。这是一个恶性循环，陷进去，就难以自拔，带给你的也将是无穷无尽的烦恼和伤害！

心理解脱

我们不仅仅要学会原谅别人，也要学会宽恕自己。其实只有宽容自己的人，才能以平静的心态面对生活，面对挫折，面对这个社会，也才有大的胸怀去宽容别人。

3. 不为难自己

生活中千万不要和自己过不去，看开点，随缘任性才能活得
快乐，得到心灵的愉悦。

凡事量力而行，在怜悯别人时，先看看自己有没有这个资本；在说自己行时，先衡量自己有没有这个能力；认清自己，并非怯懦，而是能做得更好、更出色！不为难自己，更好地照顾自己！

梅花逊雪一分白，却赢在那一缕香。世上没有十全十美的事物，你也一样。坦然地接受自己，认同自己的错误和缺憾，你的生活会因此而变得轻松、和谐。对自己要求严格本是好事，但是如果过于苛责自己，就会把自己推向痛苦的深渊。

从前有个渔夫，是出海打鱼的好手。但他却有一个坏习惯，就是爱立誓言，即使誓言不切实际，一次次碰壁，也将错就错，死不回头。

一年春天，他听说市面上墨鱼的价格很高，于是便立下誓言：这次出海只捞墨鱼。但此次打鱼遇到的全是螃蟹，他只能空手而归。上岸后，他才得知，现在市面上螃蟹的价格最高。渔夫后悔不已，发誓下一次出海一定只打螃蟹。

第二次出海，他把注意力全都放到了螃蟹上，可这一次遇到的都是墨鱼。他只好空手而归。

到了晚上，渔夫躺在床上，十分懊悔。于是，他又发誓，下一次出海无论是遇到螃蟹，还是墨鱼，他都捞。可第三次出海，墨鱼，螃蟹都没有遇到，他遇到的是海蜇。于是，渔夫再次空手而归。

结果，渔夫没能第四出海，就在自己的誓言中饥寒交迫地离开了人世……

设定高标准，努力工作并没有错，但当这种高标准让你无比痛苦时，那就是苛求自己了。做人，何必和自己过不去呢？凡事都要看开点，随缘才能活得潇洒，得到内心的快乐。

有一个女孩想要成为一位歌唱家，可是老天并没有因为她拥有美好的梦想而给予她一副天使般的容貌，这种遗憾使她在梦想与现实的差距中备感失落。

她长得不好看，嘴很大，牙齿很暴露，每一次公开演唱的时候，她都想把上嘴唇拉下来，盖住她的牙齿，可是结果却适得其反。她想表演得尽量令自己感到满意一些，可是，结果却使自己大出洋相，逃脱不了失败的命运。

有一次，这个女孩在一家夜总会唱歌，听她唱歌的一位男士认为她很有天分，他走到她跟前，很直率地对她说："我一直在看你的表演，我知道你想掩藏的是什么，你觉得你的牙长得很难看，但是却没有发现自己唱的歌很好听。"

女孩非常窘迫，她的脸有些红，可是这位男士却不顾她的感受，继续说道："难道长了龅牙就罪大恶极吗？你不要总去遮掩，张开你的嘴，观众欣赏的是你的歌声，而不是你的牙齿。而且，你想遮起来的牙齿可能会给你带来好运。"她接受了这位热心男士的忠告，没有再去注意自己拥有的大龅牙，更多关注的是支持自己的观众。

从此，她不再为难自己，不再刻意掩饰，每次演出，她的心里只想着她的观众，想着她的歌声。她张大了嘴巴，热情而高兴地唱着，很忘我，很投入。后来，她成为歌坛的一颗明星。

生活中我们要克制住对自己的审判，正视自己的所有缺点与不足，坦然地面对现实，心灵平静，不为难自己，不自己设公堂审判自己、不自寻烦恼。以一颗平常心看待自己，看待周围的环境，不必苛求，尽情地享受属于自己的生活，让自己活得轻松点。

有家公司里有一位陈经理，同事都很羡慕他，羡慕他活得比较洒脱，好像对他来说没有什么事是难事，没有什么事可以影响他的好心情。

他今年已经年过半百了，但是精神饱满，活力四射，完全像是一个年轻人，很多同事经常问他保养青春的秘诀，他说只有一句话"别难为自己"。

　　简单的一句话，却包含着太多的哲理。你看看身边的朋友，经常为了收入低、工作忙、买房子而愁颜不展，苍老了一颗年轻的心。

　　现在的社会，充斥着太多的诱惑和浮躁。金钱，以健康为代价；婚姻，以爱情为代价；家庭，以真诚为代价。诚然，人有很多东西值得去追求，但是千万别为难自己，要按照自己的意志去做你想做的事，爱你想爱的人，成就你想成就的事业，这样的人生才没有遗憾。

4. 别为迎合别人而改变自己

为了迎合别人的理解，放弃自己的个性和追求，并且逐渐沦为平庸，这是一种人生的悲哀。

人生在世，每个人都是一个独立的个体，都有自己的独特之处，保持自己的本色，按照自己的想法做事，才可做真正的自己。

一位太太由于体型过于肥胖，从小就形成了害羞、敏感的坏习惯。不仅如此，她的妈妈思想守旧，总认为她不适合穿那种十分体面漂亮的衣服，而应该穿那种宽松肥大的衣服。所以，她从小就一直穿着这种难看的衣服。

她为自己的体型深感自卑，为此，她从不去参加聚会，也从不参与任何娱乐活动，她常常觉得自己与别人不一样，是一个不受欢迎的人。

长大结婚以后，她害羞的毛病依然没有任何改变。婆家是个平稳、自信的家庭，可是在她的身上却无法体现出他们的一切优点。因此，这位太太想尽了一切办法来改变自己的害羞自卑心理，可她所做的一切都是徒劳。

她觉得自己是一个失败者，她不愿意让丈夫发现自己懦弱的一面，在公众场合，她总是试图让自己表现得十分快乐，有时甚至表现得有些过头，然后又会为自己的行为而懊恼。

为此，她的生活失去了一个正常女人的光彩，她感觉不到生活的意义，自杀的念头在心底油然而生。但是后来，她并没有自杀，而是从此开始认真快乐地生活。因为一句话挽救了她的生命，并且让她找到了生活的乐趣，认识到生命的价值。

偶然在一次与婆婆的交谈中，她无意间问起婆婆是如何把几个孩子带大的。婆婆说："我告诉他们无论发生什么事，都要秉持自己的本性。"

119

正是这句"秉持自己的本性"点燃了这位太太心底的那盏灯。她终于明白，这么多年来，她一直都在充当别人的配角，从来没有真正地做过自己。一夜之间，她发生了改变，她开始让自己学会秉持自己的本性，并努力寻找自己的个性，保持自己的本色。去轻松快乐地生活。

她不但开始选择最适合自己的服装，不论是宽松的还是紧身的，只要能显示出自己的风度、个性的服饰，她都很乐意穿，而且还结交了许多朋友，参加许多社会活动。

她脸上的笑容逐渐多了起来，感受到生活原来是如此美好。她说："能得到今天这样巨大的改变，是我以前做梦也想不到的事情。"

"江山易改，本性难移"，每个人都有自己的性格与特点，一味地附和他人而不能独立自主，或者一味地活在别人的世界里而不能保持自己的真我本色，就会逐渐迷失自己，生活将失去意义。

20世纪80年代，维斯卡亚公司是美国最为著名的机械制造公司，其产品销往全世界，并代表着当今重型机械制造业的最高水平。许多人毕业后到该公司求职遭拒绝，原因很简单，该公司的高级技术人员爆满，不再需要各种高技术人才。但是令人垂涎的待遇和足以自豪、炫耀的地位仍然向那些有志的求职者闪烁着诱人的光环。

科曼是哈佛大学机械制造业的高才生。和许多人的命运一样，在该公司每年一次的用人测试会上被拒绝申请，其实这时的用人测试会已经是徒有虚名了。科曼并没有死心，他发誓一定要进入维斯卡亚重型机械制造公司。于是，他采取了一个特殊的策略——假装自己一无所长。他先找到公司人事部，提出为该公司无偿提供劳动力，请求公司分派给他任何工作，他都不计任何报酬来完成。公司起初觉得这简直不可思议，但考虑到不用任何花费，也用不着操心，于是便分派他去打扫车间里的废铁屑。一年来，科曼勤勤恳恳地重复着这种简单而劳累的工作。为了糊口，下班后他还要去酒吧打工。这样，虽然得到老板及工人们的好感，但是仍然没有一个人提到录用他的问题。

20世纪90年代初，公司的许多订单纷纷被退回，理由均是产品质量问题，为此公司将蒙受巨大的损失。公司董事会为了挽救损失，紧急召开会议商议对策，当会议进行一大半却未见眉目时，科曼闯入会议室，提出要直接见总经理。在会上，科曼把对这一问题出现的原因做了令人信服的解释，并且就工程技术上的问题提出了自己的看法，随后拿出了自己对产品的改造设计图，这个设计非常先进，恰到好处地保留了原来机械的优点，克服了已出现的弊病。

董事会的董事见到这个编外清洁工如此精明在行，便询问他的背景以及现状，科曼当即被聘为公司负责生产技术问题的副总经理。原来，科曼在做清扫工时，利用清扫工到处走动的特点，细心察看了整个公司各部门的生产情况，并一一做了详细记录，发现了所存在的技术性问题并想出了解决的办法。为此，他花了近一年的时间搞设计，获得了大量的统计数据，为最后一展雄姿奠定了基础。

还有这样一个故事：有一个女孩从小就梦想着成为一名有声望的艺术家，她认为这种工作富有幻想和情趣。

当她十几岁时，父母为她和妹妹一同报了一个美术学习班。学习结束时，指导老师对这个女孩的父母说："姐姐似乎不太适合美术这一类的课程，她的天赋在这方面很有限，而妹妹就不一样了，她灵活、聪明、悟性又好，是块学美术的好材料，与妹妹比起来，姐姐差得很远。"

小女孩听到老师的评价后，感到非常失望，但是，她并没有被老师的话吓倒，也没有就此消沉下去。她将老师的批评变成了动力，并拿起笔和墨水开始练习作画。

后来，她的作品在展览会上展出，很多人赞不绝口，但她最想听到的是出自她启蒙老师之口的评价。终于，原来评价她没有天赋的老师热情地握着她的手告诉她："这是我见过的最具想象力的钢笔画。"

一个人只有活在自己的世界里，才会感受到人生的精彩。如果被别人的想法所左右，自己的人生就会受到他人的操纵，从而失去了自我。

心理解脱

追求成功之路本身就是孤独的，没有几十年"坐冷板凳的工夫"，哪有现在的大成就？自己在努力的过程中，没有必要去为别人的指责而辩解，更没有必要为此而烦恼。很多时候，我们的麻烦就在于不能独处、独思，为理解而理解同样是愚蠢的。

5.做自己的主人

> 做自己想做的，做自己爱做的，我的地盘我做主，走自己的
> 路，让别人去说吧！

每个人都有自己做人的原则，都有自己为人处世之道，都有自己的生活方式。生活中不必太在意别人的看法，不能为别人的一席话而改变自己，要做好自己的主人。有这样一个故事：

一个老头带着儿子牵着驴去赶集，驴驮着一袋粮食。他们刚出门不远，道边便有人对老头说："你真傻，为什么不骑着驴呢？"于是，老头便骑上了驴。

可走不多远，又听道边有人说："这老头心真狠，他自己骑着驴，让儿子走着。"老头听后，赶紧从驴上下来，让儿子骑了上去。可又走没多远，又有人对他们说："这个孩子真不懂事，自己骑驴，让老人走着。"

儿子一听，赶快让老头也上去。没走到集上，又有人说："这俩人心真坏，让驴驮着东西，人还骑上去。"

父子不得不又从驴上下来，连驴驮的粮食他也自己背上了。

老头没有主见，一味听信他人之言。故事到这儿肯定还没完，指不定过一会儿又有人笑他们傻，放着驴不用，人却背着粮食，再过一会儿还会有人说他们傻，放着驴不骑。总之，没有主见，永远也不得安宁。

人各有各的原则，各有各的脾气性格。有的人活跃，有的人沉稳，有的人热爱交际，有的人喜欢独处。不论什么样的人生，只要自己感到幸福，又不妨碍他人，那就足矣，不要压抑自己的天性，失去自己做人的原则。

某农夫的一头驴，不小心掉进了一口枯井里，农夫绞尽脑汁想办法要救驴，但几个小时过去了，驴子还在井里痛苦地哀号着，农夫无计可施。最后，这位农夫决定放弃，他想这头驴子年纪大了，费很大劲把它救出来

不值得。不过，为了以后不使别的家畜掉进枯井，他决定无论如何，也得把这口井填起来。

于是农夫请来左邻右舍帮忙，一起将驴子埋了，以免除它的痛苦。

农夫的邻居们人手一把铲子，开始把泥土铲进枯井中。当这头驴子了解到自己的处境时，刚开始叫得很凄惨。但出人意料的是，一会儿之后，这头驴子就安静下来了。农夫好奇地探头往井底一看，出现在眼前的景象令他大吃一惊：当铲进井里的泥土落在驴子的背部时，驴子的反应令人称奇——它将泥土抖落在一旁，然后站到铲进的泥土堆上面！就这样，驴子将大家铲倒在它身上的泥土全数抖落在井底，然后再站上去。很快，这只驴子便得意地上升到井口，然后在众人惊讶的表情中快步地跑开了！

就如驴子的境况，在生命的旅程中，有时候我们也难免会陷入"枯井"里，会有各式各样的"泥沙"倾倒在我们身上，似乎要把人逼入绝境，就如上述老驴掉入枯井之中一样。意志薄弱者，面对"枯井"（绝境)，往往束手待毙。而意志坚强者，则能毅然将那欲埋葬自己的"泥沙"抖落掉，然后站到上面去，最后挣脱"枯井"的束缚！

困境、磨难，从某个角度看，是我们前进道路上的绊脚石，但是换个角度看，它们也是我们前进道路上的一块块垫脚石，是启发我们潜能和智力的催化剂。只要我们锲而不舍地将它们抖落掉，然后站上去，那么即使是掉落到最深的"枯井"之中，我们也必能安然地脱困。绝境只能威胁懦夫，强者会在绝境中找到希望。

一种信念，命运掌握在自己的手里。每个人通过自己的努力都可以改变自己的命运。如果你相信命运是失败的，那你的生活将是消极的，如果你相信通过自己积极的努力能改变命运，你的命运就将掌握在自己的手中。我们不能把自己交给命运，我们要学会做自己命运的主人。

我们的人生，也许难免会有不少负担和一些不幸。但仔细想想，却也绝非全然，只要我们有心，还是有可能掌握到欢喜的片刻。生命中或许不免悲苦，但苦中也有乐。

古语说得好："春有百花秋有月，夏有凉风冬有雪；若无闲事挂心头，便是人间好时节。"我们面对这无常的人生与多变的生活，更应该以这样的心态对待。事实上，人生的旅程好比一年四季，总有春、夏、秋、冬之分。而每一个人除了要懂得欣赏春花秋月之美外，也不该忽视夏凉冬雪的时刻。如果我们能够接纳生命中的每一个时刻，将有它的阶段性的意义；同时也肯定，生命中的每一个片段将有它的情趣，必然能感受生命的美丽与生活的美好。其实，这便是"随遇而安"的人生态度。而事实上，这也是一种"善待自己"的人生哲学。

尽量往乐观与旷达处想，便是很重要的第一步。我们经常太忙，忙得竟然忘了去注意周边的世界是多么美丽！我们也经常太严肃，严肃得竟然忘了去认识生命的本质是什么？曾几何时，我们的生活中少了欢乐，脸颊上褪了笑容，除了工作之外，"忙碌"竟然占满了整个心灵的空间。这岂是我们的人生？然而，与你相伴的亲朋好友中，有多少人不正在过着类似的这样生活？其实，人生可以不必这样的。最简易有效的改变方法就是：凡事以"平常心"对待。

那么，如何以平常心面对生命的无常与生活的多变呢？诗人苏东坡曾经说过，人要尽量学着"超然物外"。也就是说，一个人只有能够摆脱外物的役使，充分主宰自己，才能永保心灵的恬静和快乐。也就是说，要尽量做到不为外界情境所影响，甚至能够改变外界情境的影响。当然，这绝对不是一件容易的保持与涵养。

不过说穿了，就是要我们学会"做自己的主人"。

传统总是告诉我们：要做父母心目中的好孩子、孩子心目中的好父母、先生心目中的好妻子、妻子心目中的好先生；或主管心目中的好部属、部属心目中的好主管；以及兄长心目中的好弟弟、弟弟心目中的好兄长……然而试问：我们"自己"，究竟在哪里？不错，别人心目中的你，可以尽量去做；但千万别忘了，也要做做自己心目中的自己。

如果，生命中没有自己，那一切也就失去了意义！

《心理解脱》

俗话说"众口难调"，一味听信于人，便会丧失自己，便会做任何事都患得患失，诚惶诚恐。这种人一辈子也成不了大事。他们整天活在别人的阴影里，太在乎别人的态度，太在乎别人的眼神，太在乎周围人对自己的评价。这样的人生，还有什么意义可言呢？要活出自信，活出自己的风格，就让别人去说好了。

八、换个想法会更好

　　生命是个艰辛的历程，充满许多的挑战与困难。对于这些生命的考验，我们往往太习惯于自己既定的思维模式对待，从而找不到更好的方式去解决。其实，很多事情，换个角度，换个思路，也许结果就会不同，转个弯儿，成功的出路就在眼前。人不能永远一成不变地思考，必须不断调适和创造。才能走出泥淖，走向光明的未来。

1. 有一种快速叫绕弯

打开思维定式的绳索，走出思维死角，换个位置，换个思路
我们就会看到新的出路。

很多人走不出思维定式，所以他们走不出宿命般的可悲结局；而一旦
走出了思维定式，也许可以看到许多别样的人生风景，甚至可以创造新的
奇迹。因此，从舞剑可以悟到书法之道，从飞鸟可以造出飞机，从蝙蝠可
以联想到电波，从苹果落地可悟出万有引力……常爬山的应该去涉水，常
跳高的应该去打打球，常划船的应该去驾驾车，常当官的应该去为民。换
个位置，换个角度，换个思路，也许我们面前就是一番新的天地。

有一天，动物园的管理员们发现袋鼠从笼子里跑出来了，于是开会讨
论，大家一致认为是笼子的高度过低。所以他们决定将笼子的高度由原先
的 10 米加高到 20 米，结果第二天，他们发现袋鼠还是跑了出来，所以他
们又决定再将高度加高到 30 米。没想到隔天后居然又看到袋鼠全跑到外
面，于是管理员们大为紧张，决定一不做，二不休，将笼子的高度加高到
100 米。

一天长颈鹿和几只袋鼠在闲聊。

"你们看，这些人会不会再继续加高你们的笼子？"长颈鹿问。

"很难说，"袋鼠说，"如果他们再继续忘记关门的话……"

结果终于真相大白，其中的奥秘在于管理员只想到了笼子的高度，却
没有想到关门。

上课时，老教授先给学生们讲述了这么一个故事：一个聋哑人到杂货
店买钉子，他先用左手做持钉状，伸出两个手指放在柜台上，然后右手做
锤打状。售货员先递过把锤子，聋哑人摇了摇头，指了指做持钉状的两个

手指，这回售货员终于拿对了。

这时，又来了一位盲顾客，他想买一把剪刀。"那位盲人又怎样用最简单的方法买到他想要的剪刀呢？"教授问。教授话音刚落，一个学生就抢着回答："只要他伸出两个指头模仿剪刀剪东西的样子就可以了。"其他同学纷纷点头一致认同他这是"最简单的方法"。不料，教授却摇摇头，教授提高嗓门说，"其实，盲人只要开口说一声就行了"。

同学们恍然大悟。老教授语重心长地说："记住，一个人进入思维的死角，那智力就会在常识之下。"

在过去的岁月里，在人们的头脑中积累总结了很多解决问题的套路和模式，使各种问题得以轻松解决。但正是这些约定俗成的套路和模式，阻碍了人们去解决问题。所以，当你感到无路可走时，换一种思维方式，跳出惯性思维，也许你马上就能找到一条新的道路，一个新的目标，一种新的境界。

英国机械专家布利阿里是位和武器打交道的人，他的绝大多数时间都在琢磨枪支的性能和构造，但他的最大的成就不是发明了什么武器，而是发明了与武器毫不相干的不锈钢餐具。

第一次世界大战前，英国热衷于"殖民"扩张，但英军发现他们的枪支使用时间一长，射程和命中率就大大降低。布利阿里的任务就是改进枪支构造，设法解决枪支的性能问题。于是他通过各种渠道找到了各种各样的合金钢，进行耐磨和耐热的试验。由于品种繁多，试验时间被拖得很长，试验场地上很快被各种合金钢堆满了。

布利阿里在清理场地时，发现一块锃光发亮的钢材，他分析了这块钢材。现它并不适合用在枪支上，但就在想抛掉的时候，他突然觉得这么漂亮的材料没有派上用场太可惜了。他看到了试验场里暗淡无光的餐具，他想："如果把这些材料用来做餐具，不是十分漂亮吗？"因为这个念头，布利阿里成为了一位不锈钢餐具推销商。数年后，不锈钢餐具开始进入家庭。

当布利阿里获得极大收益的时候，不锈钢材料的发明者——德国人毛拉不禁感叹："我把它扔到了垃圾堆里，怎么没有想到它可以成为餐具呢？"

同样是钢铁材料，布利阿里和毛拉从不同的角度看待，就产生了完全不同的效果。换个角度，换种思维，便能够从另一个角度看问题，见人之所不见，善于突破常规，就是创造。

拍集体照，最难就是大家的眼睛问题：几十个人，甚至上百号人，咔嚓一声照下来，一般都有一些闭着眼的。闭眼的看到玉照自然不高兴："我90%以上的时间都是睁着眼，你为什么偏让我亮一副没精打采的相，这不是歪曲我的形象吗？"

一般的摄影师喊："一……二……三！"但是一般人坚持了半天以后，恰巧会在数"三"的时候坚持不住了，眼睛还是闭上了。

有个聪明的摄影师想出了一个解决方法。他的思路是：请所有照相的全闭上眼睛，听他的口令，喊到三的时候再一起睁开眼睛。果然，照片冲洗出来一看，一个闭眼的也没有，全都神采奕奕，比本人平时更精神，真是皆大欢喜。

生活中有很多难题，其实只要你换一个思路，都可以迎刃而解。同样一件事情，从不同的角度考虑，就会产生不同的行动，产生截然相反的结果。思维角度真是一种奇妙的东西！

心理解析

现实生活中，我们往往太习惯于自己既定的思维方式，从而得出不恰当的结论。其实，很多事情，只要换一种思维方式，我们就能冲破思维定式的束缚，创造新的天地。

2. 换个角度，大不相同

透过窗口向外看，有的人看到了鲜花和白云，有的人却看到了污水和泥土。角度不同，看到的风景也大不相同。

人生是一个大舞台，每一个人都在这个舞台上担任着一定的角色。时间久了，就容易形成角色意识。心理学家认为，这种角色意识具有片面性，容易产生成见效应。

进行换位思考，就是把自己放在对方的位置上，从对立的角色体验中纠正偏见。换位思考是一种生存智慧，它能消除偏见、构建和谐。

德国有一户人家需要在城里找一栋房子。他们一家三口，丈夫、妻子和一个5岁的孩子，跑了一天，终于在傍晚时看到了一则称心如意的公寓出租广告。

他们满怀希望地跑了去，房东仔细地打量了三位客人，"实在对不起，我们的房子不打算租给有孩子的住户。"

丈夫、妻子听了不知如何是好。踌躇了半天，只好遗憾地离开了。

那个5岁的孩子，把一切看在眼里，走了没多远他又一个人跑了回来，并用那双小手敲开了房东的门。小孩很有礼貌地说："老爷爷，这个房子我租了，我没有孩子，只有两位大人。"

房东一听孩子的话，笑了起来，他们本意是怕孩子吵，一看孩子如此懂事、会说话，就欣然同意把房子租给他们了。

换位思考打破了房东老人的角色局限，使他们自愿放弃了原来的成见。

有这样一个故事：从前，有两座庙。甲庙的和尚经常吵架，生活得很痛苦；乙庙的和尚相处得十分融洽，生活得很快乐。于是甲庙的住持好奇地前去取经。

行至乙庙前，他看到一个和尚匆匆地从外面走进来，刚进大门不慎摔倒了。正在拖地板的和尚见状赶紧跑过去，迅速扶起并连声自责："都是我的错，地板拖得太湿了。"站在门口的一个和尚也紧跟着跑过来，歉意地说："都怪我没有及时提醒。"被扶起的和尚则说："还是怪我太粗心。"前来取经的住持看在眼里，记在心上。从那以后，甲庙和尚之间的关系也融洽了。

宋代大儒朱熹说："责人之心责己，恕己之心恕人。"换位思考使人际和谐，社会安定。

换个角度看问题，心境大不相同。一些事情虽有不愉快或糟糕的一面，但也有好的一面。换个角度，海阔天空。同样一件事情，从不同的角度考虑，便会产生不同的行动，产生截然相反的结果。

詹姆斯是一家俱乐部里的萨克斯手，收入虽然不高，但他总是乐呵呵的，对什么事都表现出乐观的态度。他常说："太阳落下去，还会升起来；太阳升起来，也会落下去。世事无常，所以还是看开点好。"

詹姆斯很喜欢汽车，但是靠他的收入想拥有一辆汽车是不太可能的。他常对朋友们讲："要是有一部汽车该有多好啊。"这个时候，他的眼里总是充满了向往。于是有人建议他，"詹姆斯，你可以去买彩票啊，也许上帝可以让你梦想成真的！"

有一天，詹姆斯抱着试一试的态度，去买了彩票。可能真的是上帝优待于他，詹姆斯买的那张彩票居然中了大奖。

詹姆斯用全部的奖金为自己买了一辆汽车，并常常开着一尘不染的汽车在大街上兜风。碰到需要搭车的人，他总是愿意送他们一程。但是他没有忘记从前，仍旧每天去俱乐部。

然而过了几天，詹姆斯的车丢了。那天晚上。他把车停在房子外边，詹姆斯爱车如命，而现在一夜之间车丢了，朋友们都担心他受不了这个打击。便安慰他说："詹姆斯，不要太难过了，以后还有机会的。"

詹姆斯笑了笑说："我为什么要难过？"

朋友们都疑惑地互相看着，心里在想："也许，他可能是受到了强烈的刺激，有些失常。"

"如果你们有谁丢了两块钱，会难过吗？"詹姆斯问。

"当然不会！"朋友们说。

"是啊，我丢的就是两块钱啊！"詹姆斯笑着说。

"对，你丢的只是两块钱而已！"朋友们笑了，他们知道不用再为詹姆斯担忧了。

如同照相，同一景物，从不同角度拍摄，就会得到不同的形象，对待生活中的得失也应该这样，只要换一个角度思考，丢掉生活中的负面情绪，悲哀也可以变成快乐。

换个角度，海阔天空。同样一件事情，从不同的角度考虑，就会产生不同的行动，产生截然相反的结果。角度是何等奇妙的东西啊！

同样的道理，当我们从不同的角度去看问题时，就会产生不同的心态。站在别人的立场看一看，或换个角度想一想，你可以有更大的突破，也会有更多的回报：

上司安排额外的工作给你做，你不要满心不悦，而应该认为：这说明上司看重我，要不为什么不找别人做？而且这也是一个锻炼能力的好机会啊。东西掉地上了，你应该这么想：这是上天给了我一个弯腰锻炼身体的机会。阳台上掉下衣架，砸中了脑袋，与其对满脸歉意的邻居发火，不如调侃一下：下次能不能掉根火腿啊？女朋友迟到了，如果发火只会让约会不欢而散，不妨说鸟儿正打算在我头上筑巢呢！

心理解脱

对于生活中的得与失，喜和悲，只要我们换个角度去看待，多一份冷静和乐观的心态。那么人生将是多么美好！有了快乐的心境和正确的态度，人生才会圆满。

3. 站在他人的角度看问题

> 每个人都需要站在他人的角度看问题。只有换位思考、将心
> 比心，才能够真正了解他人的所思所想。

在交往中，我们决不要轻易地将自己的喜好、逻辑强加于他人身上，站在不同的角度看风景，各有各的感受，冷暖自知。能站在他人的角度上看问题，多为他人着想的人，总是能赢得人们的喜爱和尊重。其实，学会体谅他人并不困难，只要你愿意认真地站在对方的角度和立场看问题。

圣诞节到了，一位母亲在圣诞节带着5岁的儿子去买礼物。大街上回响着圣诞赞歌，橱窗里装饰着彩灯，可爱的小精灵载歌载舞，商店里五光十色的玩具应有尽有。

"来，宝宝，看，多漂亮的圣诞夜景啊！"母亲对儿子说道，然而儿子却紧拽着她的衣角，呜呜地哭出声来。

"怎么了？宝贝，要是总哭个没完，圣诞老人可就不到咱们这儿来啦！"

"我……我的鞋带开了……"

母亲不得不在人行道上蹲下身来，为儿子系好鞋带。母亲无意中抬起头来，啊，怎么什么都没有？没有绚丽的彩灯，没有迷人的橱窗，没有圣诞礼物，也没有装饰华丽的餐桌……原来那些东西都太高了，孩子什么也看不见。出现在孩子视野里的只是一双双粗大的鞋和妇人们低低的裙摆，在街上互相摩擦、碰撞、摇曳……

这位母亲第一次从5岁儿子目光的高度观察世界，她感到非常震惊，立刻起身把儿子抱了起来……从此这位母亲牢记，再也不要把自己以为的"快乐"强加给儿子。"站在孩子的立场上看待问题"，母亲通过自己的亲

身体会认识到了这一点。

其实，不仅一位好母亲需要站在孩子的立场上看待问题，每个人都需要站在他人的角度看问题。只有换位思考、将心比心，才能够真正了解他人的所思所想。

有一次，戴尔·卡耐基在报上刊登了聘请一位秘书的广告。大约有三百封求职信涌来，内容几乎是一样的："我看到周日早报上的广告，我希望应征这个职位，我今年二十几岁……"只有一位女士特别聪明，她并没有谈到她所想争取的，她谈的是卡耐基需要什么条件。她的信函是这样的："敬启：您所刊登的广告可能已引来两三百封回函，而我相信您一定很忙碌，没有时间一一阅读，因此，您只需拨个电话……我很乐意过来帮忙整理信件，以节省您宝贵的时间。我有 15 年的秘书经验……"

卡耐基一收到这封信，真是欣喜若狂。他立即打电话请她前来。卡耐基说，像她那样的人，永远不用担心找工作。

真诚地从他人的角度看事情，就是一个人遇事要先设身处地地站在别人的立场和处境思考问题，了解他人的观点和感受，体察和认知他人的情绪和情感。这里所讲的"他人"，可以包括任何与你相处、打交道的人，如你的父母、领导、同事、朋友、顾客等。

有个超级富豪，年轻的时候却是个一无所有的流浪汉。这个青年随着淘金大军来到了西部一个偏僻小镇，得到了镇长的热情接待。

这时候正是春雨绵绵的时候，镇长门前的小路一片泥泞。路过的人们为图方便，都从镇长门前的花圃里穿过，花圃里的花草被踩得乱七八糟。青年非常生气，正要上前去劝阻人们别走花圃。这时候只见镇长挑了一担煤渣过来，马上就把泥泞不堪的路铺好。

于是人们都自觉地从更干净方便的大路上行走，没人再从花圃绕行了。

这时候，镇长拍了拍青年的肩膀，意味深长地说道："看到了吧，年轻人，关照别人就是关照自己啊！"

青年顿然醒悟，他铭记着镇长的话，凡事多从他人的角度考虑，终于成为一代石油大王。这个流浪汉，就是伟大的洛克菲勒。

所以，当我们和别人相处的时候，为什么不试着从别人的角度考虑设身处地地为别人着想呢？

心理解脱

　　生活中，凡事都要从他人的角度考虑，要能站在他人的立场看问题。做个反问思考，也许就会多一份理解和关爱，多一份快乐和谐。

4. 换位思考是快乐的诀窍

快乐其实就在我们身边，只是自己没有发现，换个角度去观察、思考，生活原来是如此美好。

在日常生活中，学会如何换位思考，这样对自己的生活、工作、心情都有很大的影响，也许我们平时谁都会犯一些错误，与他人的错误相比，我们自身的错也许我们自己会轻而易举地原谅了，这是因为我们了解导致错误的原因，才会设法原谅自己犯下别人不允许犯下的过错，我们很少关注自己的缺点，即便身陷困境，即便到了不得不正视自己的时候，我们也会轻易地宽恕自己，我们这样做是正常的，因为缺点也是自身的一部分，不管好与坏，我们必须接纳自己。然而为什么当犯错的人不是我们，而是他人的时候，这一切却是不可原谅的呢？当我们评论他们的时候，为什么把自己也曾会犯这样的错抛在脑后，却一味地对别人的错加以评头论足，为什么我们不能换位思考一下呢？

只有换位思考才能使我们多一份理解，少一份抱怨，多一些快乐，少一些烦恼。换位思考是快乐的诀窍。

有位高僧行走云游，一次在一户人家歇脚。临行前，高僧发现家里的一位老婆婆一直不停地唉声叹气，于是就问："老人家您为什么不开心呢？有什么伤心事吗？"

老婆婆说："我有两个女儿，大女儿嫁给卖布鞋的，小女儿嫁给卖雨伞的。在下雨天，我就会想到大女儿，因为下雨天就没有顾客上门买布鞋了，所以我就忍不住要伤心；而在晴天，我就担心小女儿，因为天晴的时候小女儿的雨伞就卖不出去了，这样我就忍不住要流泪。因此，我整天忧心忡忡，感到烦恼不堪。"

高僧听了之后，笑了笑，说："哦，原来是这样啊，您老这样想不对啊！"

老婆婆说："高僧！作母亲的为女儿这么担心，有什么不对啊？我知道担心也是没用的，可是控制不了自己啊！"

高僧于是开导她说："您为自己的女儿担心当然是没有错，可是您为什么不为女儿开心呢？你不妨换个角度想想，晴天的时候，您为大女儿高兴，因为您大女儿的布鞋店一定生意兴隆；雨天的时候，您为小女儿高兴，因为小女儿的雨伞肯定十分畅销。所以您应该为女儿天天高兴才是啊！"

老婆婆听了高僧的话，一琢磨，果然是这个道理，于是烦恼烟消云散，从此每天都为女儿高兴起来。

烦恼常让人坐卧不安，心神不宁。但烦恼还是有解脱之道的，那就是换位思维。改变一个角度想想，事情就会变了样，心情也变一个角度想想，事情就会变了样，心情也会因此而改变！

有句俗话这样说："当局者迷，旁观者清。"人们看待问题的时候，一般都从主观出发，着眼点是自己，从自己的角度进行思考。但是要想把事情弄得更明白，让自己的人生更快乐，转换一个角度去思考是非常必要的。拥有这样的思维方式，无疑是人生的一件乐事。

有这样一段笑话，对于习惯从自我出发的人来说，应该有所启发。

牧人把一头奶牛、一头猪和一只绵羊关在同一个畜栏里。有一天，牧人准备将猪从畜栏里赶出去，猪大声号叫，强烈地反抗。绵羊和奶牛很讨厌猪这样"大呼小叫"，觉得有些小题大做，于是一起抱怨道："我们也经常被牧人捉去，但是从来都没有像你这样大呼小叫的，不就是出去一趟吗？有什么大不了的！"猪一边挣扎一边回应道："捉你们和捉我完全是两回事，捉你们只是要你们的毛和乳汁，但是捉住我，要的却是我的命啊！"

奶牛和绵羊之所以不理解猪的号叫，主要是因为它们跟猪所面临的结局不同，奶牛和绵羊根本不理解猪被牧人赶出去所面临的是什么后果，它们从自身出发，觉得没什么大不了的，也就难怪要有抱怨了。

猎狗去追赶兔子，费了半天劲还是没有赶上。大为吃惊的猎狗对兔子说："平时也没见你跑得这么快啊！"兔子不以为然："平时当然没有必要跑这么快，但是现在可不一样了，现在，你只是为了一顿晚餐，而我却是为生存保性命。"

快乐最好的诀窍，就是找到换位思考，善于换位思考的人，不但可以让自己变得宽容大度，成为一个善解人意的人，还可以使自己的人生变得愉快。

如果自己被上司批评，不要老感觉自己受到委屈，不妨换位思考一下。假设自己身处领导位置，看到像自己这样的工作状况会是怎么样的心情，可能会更加严厉。如此一来，由于多了一份对领导的理解，对于批评也许就感觉到不那么难以接受了，心情自然能变得好一些。

如果被同事埋怨，那么也换个角度看待这个问题，也许就会发现同事的说法不无道理，他的埋怨针对的恰好是自己的短处。在以后的时间里注意学习，扬长避短，一腔怒火自然就熄灭了。

假如自己在生活工作中遭遇了困难，也不要沉浸在挫折中难以自拔，从另一个角度出发，兴许会发现，温暖的阳光不是没有，只因自己把它关在了门外。

工作的枯燥，人际关系的难处，生活的艰辛，每个人都有一大堆的苦水要吐，反过来别人的生活看起来似乎是那么美满如意。其实，在羡慕别人的同时，自己正被别人羡慕着。

只要能做到换位去思考问题，不要一切从自己出发，可能就会在不经意间发现，满天的乌云已经散去，自己的人生满是阳光。

心理解脱

生活和工作中，当我们受到别人的斥责或批评时，伤心和抱怨只能使自己意志消沉，闷闷不乐，不妨换位思考一下，想想别人为什么会发火，也许就会发现自己的错误或不足，心中的怨气也自然会慢慢地散去。

5.错过了星星，还有月亮

星星没有了，还有月亮；太阳没有了，还有天空，如果为了一颗逝去的流星哭泣，失去的可能是整个星空。换一种思路，让自己快乐飞翔。

一个充满朝气的小伙子，却不幸身患绝症，据医生诊断，最多还有10个月的生命。当知道自己的病情以后，男孩所有的欢乐都没有了，他开始拒绝治疗，而且不和任何人说话，甚至连眼睛都不愿意睁开，只是静静地等待死神的到来。

医生说身患绝症的病人如果鼓起生活的勇气，敢于和死亡搏斗，这样也许还有产生奇迹的可能。

家人心急如焚，却无可奈何，直到有一天，一位老人也住进了医院。

"孩子，你看看外面啊！"男孩听到了一个陌生的声音，不由得有些好奇，就睁开眼睛，才发现不知道什么时候病房里又多了一位年老的病人。

"孩子，你应该看看窗外。"老人又说，男孩出于礼貌，就把目光投向窗外。

一丛花儿开得正艳，男孩想起自己美好的青春还没有来得及绽放，就凋谢了，不由得黯然神伤。老人明白男孩的心思，说道："你看看那棵树。"

挨着病房的楼房一角，生长着一棵树，树很奇怪，叶子稀稀疏疏的，树皮斑驳脱落，树枝很少，而且树身严重扭曲，但是奇怪的是这棵树看起来并不古老，却显得精神百倍。

男孩收回目光，迷惑地看着老人，这样的树有什么好看的。

"你知道它为什么会这样吗？"老人问道。

男孩考虑了一会儿，看着树周围林立的高楼，淡淡地说："大概是修建这些楼的时候弄的吧？"

老人笑了："真是一个聪明的孩子。确实是这样，这棵树已经有几十年的寿命了，许多年前，这棵树跟别的树一样，树干笔直，枝繁叶茂，树皮光滑，但是在修建这些大楼的时候，落下的砖石泥块掉在它身上，于是树皮树枝就成了这样。楼房建好以后，所有的阳光都被堵住了，为了寻找阳光，树干就慢慢开始扭曲，最终就成了这个样子。"

男孩的眼睛再次看向了窗外，那棵历经苦难的树在阳光下依然显得很有活力，虽然磨难重重，可是丝毫没有摧毁它那顽强的生命力。

看着看着，男孩的眼睛湿润了，他似乎明白了什么，"谢谢你。爷爷，我懂了！"在他那因为久病而显得苍白的脸上多了一些微笑。

老人看着男孩说道："天地小了，快乐就少了，痛苦就多了；世界大了，微笑就多了，痛苦就少了。孩子，错过了星星，还有月亮，错过了月亮，还有太阳，就算连太阳也错过了，还有整个天空。一棵树为了生命都还在努力争取每一点阳光，我们何必因为错过了星星而抛弃整个世界呢？"

男孩开始积极配合治疗，他就像那棵不幸的树，尽自己最大的努力去争取阳光，用自己顽强的毅力和死神抗争。

几年以后，男孩还是去世了，虽然他没有为自己的生命创造奇迹，但是他却让医生的死亡诊断一次次落空，直到生命的最后一刻，他还是面带笑容。

在他留下的日记中，有这么一句话："没有了星星，还有月亮；失去了月亮，还有天空。病痛带给了我痛苦，却也让我懂得了人生在生命最后的日子里，我失去了很多，却也让我明白了很多！"

心理解脱

在生命的旅程中，挫折、打击、痛苦就像笼罩在头顶的一方阴霾，让人挥之不去，无法摆脱。既然无法躲避，何不勇敢地承受？痛苦是暂时的，快乐却是永恒的，人生虽然短暂，希望却永远存在。

九、给心灵洗个澡

　　个人成长的历史，就是心灵跋涉的历史。时间久了，难免蒙上些灰尘。决定一个人命运的不是他所处的环境，而是他是否有一个良好的心态，是否懂得在任何情况下，都不忘清洗自己的心灵，以便让自己活得更轻松，更自在，更洒脱。当我们的心不堪重负的时候，何不暂时把一切尘埃拒之门外，给自己寻找一个让灵魂喘气的机会，在冷静的反思中给心灵洗个澡，给心灵留一份清洁在心中，一如人类亘古不变的希望。蓦然，你会发现，没有月亮的夜晚，还是会有星星伴你走过漫漫长路。

1. 欲望向左，快乐向右

欲望和快乐是背道而驰的，一个向左，一个向右，欲望越强就会离快乐越远。

人是有欲望的。"欲壑难填"，是对人生欲望的精辟概括。在人生的路途上，欲望在一定程度上催促着人不断前行，人生的过程说到底就是欲望一个个释放的过程。人生欲望是由情感所驱使，但欲望常常与精神相纠缠。人之所以为人，是他不但有各种欲望，还有情感和精神，而后者往往是支撑人立足于社会、实现生存价值的主要动力。

人生的一切欲望，归纳起来有两种：精神欲望和物质欲望。庸人、小人常会把物质欲望当作人生的全部，所以没有多少精神追求。君子、贤人的精神欲望特别强烈，但是也不能没有物质欲望，所以他们得承受着两种欲望，从而比庸人、小人多承受一份根本的人生痛苦，只是他们最终能以精神欲望为主导，达到一种具有伟大包涵力的心理和谐。这种有伟大包涵力的心理和谐，就是"安贫乐道"。

古希腊传说中有一位美丽公主，特别宠爱一只波斯猫。有一天，公主不小心丢了这只猫，于是国王命画师画了数千张波斯猫的画像，然后贴在全国各地，而且张贴出告示：谁要将猫送回赏金币 10 枚。

告示贴出去以后，送猫者络绎不绝，可是，送来的这些猫都不是公主丢失的那只。公主想：大概是捡到猫的人嫌钱少，所以迟迟未见自己的那只。于是，她将这个想法告诉了国王，国王又把赏金提高到 50 枚金币。

其实，公主的猫是被一个乞丐捡走了。当他正准备抱着猫去换金币时，却发现原先的 50 枚金币已经涨到了 100 枚，乞丐心想：假如把猫藏起来，过几天赏金还会增加的。

过了几天，他又跑去看告示，赏金果然已涨到了 150 枚。

接下来的几天里，乞丐天天去看墙上的告示。当赏金涨到了令人难以置信的高度时，乞丐决定将猫送进城堡去换赏金。谁知，当他准备带上猫去领赏时，猫已经死了。因为这只猫以前每天吃的都是山珍海味，对乞丐在垃圾里捡来的东西根本不屑一顾。

贪婪的欲望往往使人们丢失许多宝贵的东西，像故事中乞丐那样，望着 50 枚，却等待着 100 枚，望着 100 枚又期待着它升得更高，结果呢，落得空欢喜一场，这样做又何苦呢？

要做到不戚戚于贫贱，不汲汲于富贵，就要具有不贪之心。要懂得播种一分，收获一分的道理，不要强求，不要希图意外的惊喜。

从前，有位富人，每天早上经过一家豆腐坊时，都能听到屋里传出愉快的歌声。这一天，他忍不住走进豆腐坊，看到一对小夫妻正在辛勤劳作。富人大发恻隐之心，同情地说："你们这样辛苦，只能唱歌消闷，我愿意帮助你们，让你们过上真正快乐的生活。"说完，放下一大笔钱走了。这天夜里，富人躺在床上想："这对小夫妇再也不用辛辛苦苦地做豆腐了，他们的歌声会更响亮的。"

第二天一大早，富人又经过豆腐坊，却没有听到小夫妻俩的歌声。他想：他们可能激动得一夜没睡好，今天要睡懒觉了。但第二天、第三天，还是没有歌声。富人好奇怪。

就在这时，做豆腐的男主人出来了，他见了富人便急忙说道："先生，我正要去找你，还你的钱。"富人问："为什么？"对方说："在没有这些钱时，我们每天做豆腐卖，虽然辛苦，但心里非常踏实。自从拿了这一大笔钱后，我和妻子反而不知如何是好了——我们还要做豆腐吗？不做豆腐，那我们的快乐在哪里呢？如果还做豆腐，我们就能养活自己，要这么多钱做什么呢？放在屋里，又怕它丢了；做大买卖，我们又没有那个能力和兴趣。所以还是还给你吧！"

富人非常不理解，无奈之下，还是收回了钱。第二天，当他再次经过豆腐坊时，他又听到了小夫妻俩的歌声。

也许上面讲的这个小故事并不适合追逐财富、权贵之人的口味，有人会说对财富有欲望不好吗？没有人听说过钱多会咬手的，但事实是"钱多"确实是会"咬到你的手"。

人生就像一株罂粟。每个人都想在有限的生命里展示自己的风采与辉煌，然而，有如每株枝叶上的小花，表面上很诱人也很美丽，其实，花的汁液里含有一种伤害身体与心灵的毒素，它的名字就叫欲望。欲望是人生无法走出的怪圈。它毫无拘束地开放在我们思想的沃土上，然后又用内在含有的毒素慢慢地侵蚀着我们。

欲望的罂粟是一次美丽的花开，也是一次难以抵挡的诱惑。它常常在你情绪不稳定的时候出现，让你经受煎熬之苦后，又毫不留情地弃你而去。它似乎受理性的支配，似乎又把理性作为奴隶，在与理性反复较量中，渐渐分泌出一种含有无形毒汁的液体，在人的心灵和体力失去抵抗能力的情况下，将人的理性击倒在地。

因为欲望的扩张，贪污、盗窃屡见不鲜，源于欲望的活力，人生的喜剧会逐渐演绎成悲剧。欲望这株罂粟，无论人的理性怎样将其压抑、扼制，总是难以摆脱其在适合的季节里成长开花，并结出带有毒素果实的命运。

正如我们认为罂粟虽含有某种毒素而不能将其从地球上彻底根除一样，人类不可能在没有欲望的现实生活中活着。关键是，我们认清欲望存在的合理性和必然性，有意识地控制欲望无限地蔓延与扩张，使其在不危害生命和心灵健康的前提下，尽量少染指罂粟的汁液，这或许也是一种生存的选择与智慧。

有一首流传很广的《知福歌》：

人生尽受福，何苦不知足？思量愚昧苦，聪明就是福；思量饥寒苦，饱暖就是福；思量负累苦，逍遥就是福；思量离别苦，团圆就是福；思量刀兵苦，太平就是福；思量死去苦，活着就是福；苦境一思量，就有许多福；可惜世间人，几个会享福？我劝世间人，不要不幸福。

这首《知福歌》告诉人们一个朴素、浅显的道理，就是让人们知足、惜福。

知足就是度，度就是分寸、智慧，更是水平。知足的人总是微笑着面对人生。在知足人的眼里，世界上没有解决不了的问题，没有蹚不过去的河流。

当然，知足不是强调人生无为、不思进取。生活中不该你拥有或不是你的，你强求不来；是你的或该你拥有的，别人也拿不走。要争取你该争取的，追求你应该追求的，做到取舍有度，适可而止。

其实，世间值得人们喜爱的东西太多，又有太多太多的诱惑，明白自己需要什么只是本能，而明白自己不需要什么才是人生的智慧。一位哲人说过，真正的幸福并非所拥有的多，而是所求的少。幸福就在一种时时惜福的心境里。

珍惜拥有，知足是福，是每一个人都应该学会的生活智慧。

心理解脱

对于一个贪得无厌的人来说，"满足"二字与他互不相识，他有了金银还会怨恨没有得到珠宝，吃着碗里的还要看着锅里的，这种人虽然身居豪富权贵之位却有着乞丐般的生活方式；一个知足的人，即使吃粗食野菜也比吃山珍海味香甜，穿粗衣棉袍也比穿狐袍貂裘要温暖，这种人虽然身为平民，实际上比王公更快乐。

2. 忌妒是心灵的毒瘤

培根说过："犹如毁掉麦子一样，忌妒这恶魔总是在暗地里，悄悄地毁掉人间最美好的东西。"

忌妒是与他人比较，或不信任他人时，发现自己名誉、地位或境遇等方面不如别人而产生的一种由愤怒、怨恨等组成的复杂情绪状态。当看见周围的人某些方面比自己出色时，就想方设法打击他或希望自己取而代之。

忌妒是一种心理缺陷，如果不能及时阻止它的发展，那么忌妒之火疯狂燃向别人的同时，也容易炙烤自己的心，忌妒如同毒草一样，存于人的内心，会生根发芽，若不加控制，就会疯长。

鸟儿子问鸟爸爸："爸爸，人类有咱们鸟类幸福吗？"

鸟爸爸回答："没有，咱们鸟王国里的生活才是最幸福的。"

鸟儿子又问："那是什么原因啊？"

鸟爸爸回答："因为人类的心里长了一个毒瘤，使他们永远不知道满足，永远体会不到幸福的真正含义。"

鸟儿子接着问："这种毒瘤不能治疗吗？会将人类毁灭吗？"

鸟爸爸回答："可以治疗，但是如果治疗不及时就会毁灭。"

鸟儿子问："这个毒瘤叫什么呢？"

鸟爸爸回答说："它的名字叫忌妒。"

忌妒是人体内的一个"毒瘤"，一旦治疗不及时，美好幸福的人生将遭到破坏。它会助长人们贪婪的欲望，还会将人的宽容之心吞噬得残破不全，使人们失去许多美好的东西。

有这么一则故事：在远古时代，摩伽陀国有一位国王饲养了一群象。

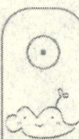

象群中，有一头象长得很特殊，全身白皙，毛柔细光滑。后来，国王将这头象交给一位驯象师照顾。这位驯象师不只照顾它的生活起居，也很用心教它。这头白象十分聪明、善解人意，过了一段时间之后，他们已建立了良好的默契。

有一年，这个国家举行一个大庆典。国王打算骑白象去观礼，于是驯象师将白象清洗、装扮了一番，在它的背上披上一条白毯子后，才交给国王。国王就在一些官员的陪同下，骑着白象进城看庆典。由于这头白象实在太漂亮了，民众都围拢过来，一边赞叹、一边高喊着："象王！象王！"这时，骑在象背上的国王，觉得所有的光彩都被这头白象抢走了，心里十分生气、忌妒。他很快地绕了一圈后，就不悦地返回王宫。一入王宫，他问驯象师："这头白象，有没有什么特殊的技艺？"驯象师问国王："不知道，国王您指的是哪方面？"国王说："它能不能在悬崖边展现它的技艺呢？"驯象师说："应该可以。"国王就说："好。那明天就让它在波罗奈国和摩伽陀国相邻的悬崖上表演。"

隔天，驯象师依约把白象带到那处悬崖。国王就说："这头白象能以三只脚站立在悬崖边吗？"驯象师说："这简单。"他骑上象背，对白象说："来，用三只脚站立。"果然，白象立刻就缩起一只脚。

国王又说："它能两脚悬空，只用两脚站立吗？""可以。"驯象师就叫它缩起两脚，白象很听话地照做。国王接着又说："它能不能三脚悬空，只用一脚站立？"

驯象师一听，明白国王存心要置白象于死地，就对白象说："你这次要小心一点，缩起三只脚，用一只脚站立。"白象也很谨慎地照做。围观的民众看了，热烈地为白象鼓掌、喝彩！

国王愈看，心里愈不平衡，就对驯象师说："它能把后脚也缩起，全身悬空吗？"

这时，驯象师悄悄地对白象说："国王存心要你的命，我们在这里会很危险。你就腾空飞到对面的悬崖吧！"不可思议的是这头白象竟然真的把后脚悬空飞起来，载着驯象师飞越悬崖，进入波罗奈国。

波罗奈国的人民看到白象飞来，全城都欢呼了起来。国王很高兴地问驯象师："你从哪儿来？为何会骑着白象来到我的国家？"驯象师便将经过一一告诉国王。国王听完之后，叹道："人为何要与一头象计较、忌妒呢？"

人生在世，一定要有一颗平静和睦的心，切不可心怀忌妒。俗话说："已欲立而立人，已欲达而达人。"别人有所成就，我们不要心存忌妒，应该要平静地看待别人所取得的成功，这是拥有幸福人生的秘诀。

有一对夫妻心胸很狭窄，总爱为一点小事争吵不休。有一天，妻子做了几样好菜，想到如果再来点酒助兴就更好了。于是她就拿瓢到酒缸里去取酒。

妻子探头朝缸里一看，瞧见了酒中倒映着的自己的影子。她以为是丈夫对自己不忠，把女人带回家来藏在缸里，就大声喊起来："喂，你这个死鬼，竟然敢瞒着我偷偷把女人藏在缸里面。如今看你还有什么话说？"

丈夫听了糊里糊涂的，赶紧跑过来往缸里瞧，他一见是个男人，也不由分说地骂起来："你这个坏婆娘，明明是你领了别的男人回家，暗地里把他藏在酒缸里面，反而诬陷我！"

"好哇，你还有理了！"妻子又探头往缸里看，见还是先前的那个女人，以为是丈夫故意戏弄她，不由勃然大怒，指着丈夫说："你以为我是什么人，任凭你哄骗的吗？你，你太对不起我了"，妻子越骂越气，举起手中的水瓢就向丈夫扔过去。丈夫侧身一闪躲开了，见妻子不仅无理取闹还打自己，也不甘示弱，于是还了妻子一个耳光。这下可不得了，两人打成一团，又扯又咬，简直闹得不可开交。

最后闹到了官府，官老爷听完夫妻二人的话，心里顿时明白了大半，就吩咐手下把缸打破。

一锤下去，只见那些酒汩汩地流了出来。不一会儿，一缸酒流光了，缸里也没看见半个男人或女人的影子。夫妻二人这才明白他们忌妒的只不过是自己的影子而已，心中很是羞惭，于是就互相道歉，重又和好如初了。

我们遇到怀疑的事，不宜过早下结论，要客观、理智地去分析，才能够了解真相。尤其在生气的时候，不能像故事中的这对夫妻见到自己的影子，不能冷静地思考分析，反被忌妒心冲昏了头脑而伤了和气。

如果别人的忌妒能把你打倒，这说明你虽然可能是优秀的，却不是最优秀的，在意志上更算不上优秀。

面对忌妒者的中伤，常人最容易做出的也是最下策的反应就是反唇相讥。这样，你会因为别人的无聊，自己也变得无聊。甚至有可能陷入一场旷日持久，使心智疲惫又毫无意义的纠葛中。拜伦说过："爱我的我报以叹息，恨我的我置之一笑。"他的这"一笑"，真是洒脱极了，有味极了。对忌妒者的中伤，最妙的回答是——让心灵安详地微笑。

心理解脱

忌妒是一种卑下的情感，忌妒会使人失去理智，甚至造成不可估量的损失。而对于忌妒者的中伤，最妙的回击是置之一笑。

3.贪婪之心不可有

一位哲学家曾经说过："物质匮乏的人不是穷人，欲望太多的人才是。"贪婪常常使人不仅要忍受欲望的煎熬，还会渐渐迷失了自己的生活方向。

有这样一则笑话：一个人路过一家珠宝店，急匆匆地走进去，当着众人的面就开始往自己的衣袋里装珠宝首饰，众人觉得此人太嚣张，就将他扭送到官府。县官问他为何如此大胆竟然当众偷东西，他却一脸的从容不迫："当时眼睛里只有珠宝，没有看到其他人。"

此人已经贪婪到"忘我"的境界，其结果只能是被捉。

有一位猎人，他有一个屡试不爽的捉猴办法。他在墙中夹了一个竹筒，然后将一个鸡蛋放在竹筒的一端。猴子看见竹筒中的鸡蛋，就会伸爪去抓，但是，当它用爪握住鸡蛋时，便无法从竹筒里缩回爪来。由于猴子贪心十足，舍不得放下爪中的鸡蛋，只好束手就擒。

贪婪之心是猴子足以害命的弱点。

有一天，一只狐狸发现一个葡萄园，看着水灵灵的葡萄，不禁垂涎欲滴。可是，葡萄园外面有栅栏挡住，根本无法进入。狐狸眼望着诱人的葡萄，却不能进入园中，急得团团转。后来，狐狸一狠心，绝食三日。减肥之后，狐狸再次走到栅栏前，钻进葡萄园内，饱餐了一顿，然后，心满意足地准备离开。但是，由于吃得太饱，钻不出去了。无奈之下，狐狸只好又饿肚三天，减肥之后，才钻了出来。

狐狸的故事颇像我们的人生过程，人生下来的时候，两手空空，一生可能会得到很多东西，但是等到有一天撒手离去时，带不走任何东西。

生活中的人们总是难改贪婪的习性，对于功名利禄的态度一向是多多益善。欲望没有止境。人们以为金钱越多越好，可是，事实真的是这样吗？当你永不满足自己现有的金钱的时候，就会想尽一切办法来增加自己的财富，结果不仅会给自己带来无形的压力，还会使自己陷入一种苦恼的恶性循环，失去人生的快乐。

在印度，流传着这样一个故事：

有个理发师，虽然穷但非常快乐，就像神仙一样，他没有什么可担心的。因为他是国王的理发师，经常给国王按摩，修剪他的头，整天服侍他。

他的快乐连国王都嫉妒了，总是问他："你快乐的秘密是什么？你总是兴致勃勃的，好像不是在地上走，简直是在用翅膀飞。这到底有什么秘密？"

穷理发师说："我不知道。实际上，我以前从来没听说过'秘密'这个词。您说的是什么意思呢？我只是快乐，我赚我的面包，如此而已……然后我就休息。"

后来国王决定问问他的首相，因为他的首相是个学识非常渊博的人，他问道："你肯定知道这个理发师的秘密。我是一个国王，我还没有这么快乐呢，可是这个穷人，一无所有，却这么快乐。"

首相说："那是因为他并未置身于那种恶性循环之中。"国王问："什么恶性循环？"首相笑了，说："您在这个循环里面，但是您不了解它。让我们做一件事情来证明这种恶性循环的存在吧。"

当晚，首相就把一个装有99块金币的袋子扔进理发师的家。第二天，理发师忧心忡忡地来了，如同掉进地狱里一般。事实上，他整个晚上都没有睡，一遍又一遍地数着袋子里的金币——99块。他太兴奋了，翻来覆去睡不着。他无数次起床，摸着那些金币，反复地数着……

他数来数去都是99块，他想要是有100块就好了，凑个整数。

但是1块金币对于一个穷理发师来说是很大的一笔数目，1块金币相当于他近一个月的收入，但他一天所挣的钱只够应付生活。去哪里再弄到1块金币呢？

他想了很多办法……一个穷人，对钱没有多少了解，他现在陷入困境了。他只能想到一件事情：他要隔天断食一天。这样，渐渐地，他就可以攒够 1 块金币。然后有 100 块金币就好了……他不断地想着这个问题，想着把 99 块金币变成 100 块，简直都要到了走火入魔的地步。

他越来越忧郁，他的心再也不像神仙一样快乐地在天上飞，他沉沉地站在地上……还有一副沉重的担子，一个石头一样的东西挂在他的脖子上。这副担子就叫欲望，欲望夺走了他的快乐。

贪婪意味着你感觉到一个很深的空虚，而你想要用任何可能的东西来填满它，不管它是什么。

欲壑深不见底，贪婪的人一心想填满它，越是填不满，越是想要填满。最终使心境失去平静，生活失去平和，整个人生长河就像老式座钟上的钟摆，永远不得安宁地在两极情绪间起落挣扎，品尝着绵绵无尽的焦虑与惶恐、无奈与苦涩、疲惫与怨怒、失落与惆怅，最终陷入了恶性循环当中。

贪心的诱惑常常存在于我们的骨子里，时不时地出来"发作"一下，因此，我们应该培养自己抵御诱惑的能力，这就要求我们要有一颗平常心，不为金钱名利所动。

心理解脱

古人云："达亦不足贵，穷亦不足悲。"一个人如果能够控制住自己的贪欲，就可以掌控自己的心情和人生。贪婪的人总是希望得到更多的东西，这样的人总是不懂得满足，结果越是贪心，最后失去得越多。

4.自私只能使自己的路更窄

自私的人往往不愿付出，不愿付出就不会有收获，有时还会失去更多。

我们常说："人不为己，天诛地灭。"这句话的意思表明，人的自私是一种自然、与生俱来的人性。也可以说，自私是人类生存的一种本能，但是有时候恰恰是因为人的自私，不但没有为自己赢来自己想要的东西，反而使自己失去了珍贵的机会。

有这样一则故事：

从前，有两位很虔诚、很要好的信徒，决定一起到遥远的圣山朝圣。两人背上行囊，风尘仆仆地上路了，誓言不达圣山朝拜，绝不返回。

两位信徒，走了两个多星期之后，遇见一位白发苍苍的圣者。圣者看到这两位如此虔诚的信徒千里迢迢去朝圣，十分感动地告诉他们："这里距离圣山还有十天的脚程，但是很遗憾，我在这十字路口就要和你们分手了，而在分手之前，我要送给你们每人一件礼物！不过你们当中一个要先许愿，他的愿望会马上实现；而第二个人则可以得到那愿望的两倍。"

其中一个信徒心里想："太好了，我已经想好我要许什么愿了，但我不能先讲，那样的话太吃亏了，应该让他先讲。"而另一个信徒也怀有这样的想法："我怎么可以先讲，让他获得两倍的礼物。"于是，两个教徒就开始假装客气地推让起来。"你先讲！""你比我年长，你先许愿吧！""不，应该你先许愿！"两人彼此推来让去。最后两人都不耐烦了，气氛一下子变得紧张起来。"你干吗呀？""你先讲啊！""为什么你不先讲而让我先讲？我才不先讲呢！"

到最后，其中一个气呼呼地大声嚷道："喂，你真不识相，不知好歹，你再不许愿的话，我就打断你的狗腿，掐死你！"

另外一个见他的朋友居然和自己变脸，而且还恐吓自己，于是想你无情来我无意，我没法子得到的东西，你也休想得到。于是，他干脆把心一横，狠狠地说道："好，我先许愿！我希望……我的一只眼睛瞎掉！"

很快，这位信徒的一只眼睛瞎掉了，而与此同时，他的朋友的双眼也立即瞎掉了！

本是一件皆大欢喜的事，因为两人的自私而成了悲剧。自私者妄图拥有整个世界，结果却输掉了一切本应属于他的东西，反而变得更加贫穷了。

有一家知名公司要招聘人员，应征者如云，但是招聘的名额却只有一个。经过一轮又一轮的筛选后，几百名应聘者，最后仅剩下了五位佼佼者。只剩最后一轮面试了，这一轮将要从这五位强者里面留下一位，这让每位参赛者都非常紧张，比较过关斩将走到最后已经是非常不容易了，如果最后一轮被过滤掉真是很遗憾。

早上8点，距离面试还有半个小时，五位参赛者早已等在面试的大厅里了，他们心里虽然紧张，但是表面上都镇定自若。坐在大厅一角的是刘大伟，他提前一个小时就来了，不过他对自己很有信心，因为他在初试、复试、又复试、再复试中表现都非常不错，有一次还赢得了主考官的夸奖，所以，他心里很踏实，认为自己获胜是绝对没有问题的，胜利的自信和成功的愉悦提前写在了他的脸上。

距面试开始时间还早，为了打破沉寂的僵局，五个人还是有人偶尔和旁边的人聊上一句半句的。面对眼前这些随时会威胁到自己命运的对手，在交谈中彼此都显得比较矜持和保守，甚至夹着丝丝的冷漠和虚伪。

就在这时，有位年轻的男子匆匆忙忙地走来了，气喘吁吁的，一脸的焦急，额头上似乎还有细密的汗珠，这五个人心里有点纳闷，在前几轮面试中，好像并没有见过他。

他似乎感到有些尴尬，看了看几个面试的，主动自我介绍说，他也是前来参加面试的，由于早上有点急事，来得比较匆忙，忘记带钢笔了，问他们几个是否带了，想借来填写一份表格。

这五位应聘者心里一惊，竞争本来已经够激烈了，现在倒好，半路又杀出一个"程咬金",幸好他忘记了带钢笔,也许他并不能成为大家的竞争对手。一时大家你看看我、我看着你,面面相觑,但都没有吱声,他们当然都带了钢笔,来应聘谁会忘记带钢笔呢?

那位男子见没有人应声,脸上掠过一丝失望,但同时闪过一丝惊喜,因为他看到了刘大伟上衣口袋里的钢笔。他上前很友好地说:"先生,对不起,您的钢笔可以借给我用用吗?"刘大伟忘记了自己的钢笔就在上衣口袋里,他非常尴尬,但他几乎是不假思索地说:"哦,我……我的笔坏了。"说完他就低下了头。

"我这里正好有一支,虽然不是太好用,但勉强还可以用,你试着用吧。"其中一位应聘者向这位年轻的男子递上了自己的钢笔。那位男子接过钢笔,忙不迭地说着谢谢。

大家一下子就把目光聚集在他的身上,有恼怒,有埋怨,还有责怪,大家似乎在说:"好了,你把钢笔借给了他,等于给自己增加了一个竞争对手,也许我们都要跟着遭殃。"

那位借钢笔的男子转身在纸上写了点什么就出去了,并没有像他们几个一样在这里等着面试。

面试的时间终于到了,但是面试室却丝毫不见动静。终于有人按捺不住去找相关的负责人询问情况。不料里面居然走出了刚才那个借钢笔的男青年,大家有点震惊,尚不明白发生了什么情况。只听他说:"结果已经见分晓,这位先生被聘用了。"他把手搭在那位借给他钢笔的应聘者的肩膀上。

大家似乎还不明白发生了什么,只听男青年接着说:"我是最后一轮面试的主考官,本来,你们能过五关斩六将,最终站在这儿,应该说你们都是强者中的强者,作为一家追求上进的公司,我们不愿意失去任何一个人才。但是很遗憾,你们输给了自己的自私!"

刘大伟听到这里,才如梦初醒,真是有点无地自容,恨不得扇自己两个耳光,可是一切都晚了。想必其他三位落伍者和自己的心情一样,自私的他们只因为这么一点小事,丢掉了马上就可以得到的职位;而那位应聘者却由于自己的无私,成了这次应聘中唯一的幸运儿。

在现实生活中,类似的事情比比皆是,我们都得为自己活着,自私的人性使得他们不肯为别人的生活提供便利，更不肯为别人放弃自己的一点点利益，像这样的人，别人也一定不会愿意为他提供便利的。

心理解脱

自私是人生道路上最大的绊脚石。人们常说："给我一尺，还你一丈，"你对别人好了，别人会对你更好，你对别人自私，别人当然不肯对你表现宽容。所以，生活中不要事事只考虑自己，无私会带给你意想不到的快乐和收获。

5. 自卑是封住快乐的锁

自卑会使人陷入消极的旋涡中，只看到阴暗，见不到阳光，战胜自卑就要相信自己，只有相信自己才能超越自己，从平庸变得杰出。

每个人或多或少都会有一些自卑的心理，因为一个人不可能永远都充满自信，关键的问题是，我们要想办法走出自卑的阴影。自卑就像我们心中的阴云，只有拨开它，我们才能享受到灿烂的阳光，拥有人生的快乐。

凯撒是来自美国阿肯色州的学生，也是她所在镇里唯一来哈佛读书的人。在她准备起程到哈佛大学前，当地的人都为她能到哈佛上学而感到自豪，她自己也庆幸能有这样好的机遇。

但是，凯撒的兴奋劲还没过，就忽然发觉情况不妙，甚至是很糟糕。原来哈佛并不是梦想中的天堂，她上课听不懂，说话带土音，许多大家都知道的事自己却一无所知，而许多她知道的事大家却又觉得好笑。这让凯撒第一次感觉到自己是多么无知，她与同学的差距太大了，根本没有共同语言。

凯撒感到极度的自卑，她开始变得沉默寡言，她不明白自己为什么要到哈佛来受这份羞辱，同时更加怀念在家乡的日子，在那里，可没有人瞧不起她。感到孤独无助的凯撒，觉得自己是全哈佛最自卑的人。

因为上课听不懂，使得她的成绩非常差，可是她又不愿意去求助于同学和老师，她觉得那样会让大家更加瞧不起。她和大家越来越疏远，晚上常常以泪洗面，后来她患上了严重的抑郁症，只好退学回家休养。

一个人如果有了自卑心理后，往往从怀疑自己的能力到不能表现自己的能力，从不善与人交往到孤独地自我封闭。本来经过努力可以达到的目标，也会认为"我不行"而放弃追求。

有一位女作家在二十几岁时，就已经有作品出版。可是，她依然自卑感十足。因为她有点胖，她总觉得衣服穿在任何人身上都比穿在自己身上要好看得多。

每当出席宴会时，她总要在出发之前打扮几个小时，可是一走进宴会厅，看到在座的各位女士个个花枝招展的样子，又自卑起来，感到自己打扮得一团糟。

一次，女作家被邀请去参加一个宴会，她忐忑不安地去了。在门外遇到另一位年轻女士，年轻的女士问她："你也是要进去参加宴会的吗？"

她微微一笑，扮了个鬼脸道："大概是吧！"年轻的女士继续说："我一直在附近徘徊，想鼓起勇气进去，可是我很害怕，总担心别人会议论我什么。"

她十分不解，她站在有光照映的台阶上看着她，觉得她很漂亮，比起自己来要好得多。她坦言："我也害怕。"双方相视一笑，紧张的情绪不翼而飞。

她们走向前面人声嘈杂、情况不可预知的地方，在彼此的相互鼓舞下，开始和别人谈话。这是一次很好的锻炼机会，女作家第一次觉得自己已经不再扮演局外人的角色了，而是成为这群人中的一员。

所以在一些场合下不要太在意别人的看法，否则就会对自己失去信心。在想尽办法取悦他人的时候，情形可能更加糟糕。这时，脑海中会不停地假想别人对你的看法，当然一般不会向好的方向想。此时，你就会有过度的否定反馈、压抑及不良的表现，自卑感会油然而生。

基安很小的时候，随母亲从意大利到了美国，在汽车城底特律度过了悲惨的童年，痛苦和自卑成为他的不良印痕。

他那碌碌无为的父亲告诉他："认命吧，你将一事无成。"这个说法令他很沮丧。

有一天，母亲告诉他："世界上没有谁跟你一样，你是独一无二的。"从此，他心里燃起了希望之火，他认定自己是第一，没人比得上他。自信奠定了成功基础。

他第一次去应聘，这家公司的秘书要他的名片时，他递上一张黑桃A。

结果立刻得到面试的机会，经理问他："你是黑桃A?"

"是的。"他说。

"为什么是黑桃A?"

"因为A代表第一，而我刚好是第一。"

这样，他被录用了。后来，他果真成功了，成了世界第一。他一年推销1425辆车，创造了吉尼斯纪录。

每个人在某个阶段或多或少都会有自卑感，若能采取积极的措施克服自卑感，就能从失败和绝望中走向成功。

走出自卑的阴影首先就要学会正确地评价自己，看到自己的长处，发现自身价值，坚信"天生我材必有用"。其次要学会自我激励，积极暗示自己"我能行"、"别人能干的事我也能干"、"坚持就是胜利"等，增加自己战胜困难与挫折的力量。

心理解脱

自信是消除自卑心理最根本的动力，自信可以把自卑心理转化为自强不息的动力，使自己在生活和事业上成为强者。在我们遇到各种来自生活中的挫折的时候，我们要积极地调整自己的心态，不要老盯着自己的短处和弱点，多找自己的优点和长处，以增强自己的自信心。走出自卑就能超越自己，赢得成功。

十、放下就是快乐

　　快乐其实很简单，放下就是快乐，就是要看得开，放得下。生活中若总是把不如意的事记在心里，只会让自己更加的不开心。对一些不快乐的事情应坦然面对，该放手的就放手；对一些恩怨情仇，不再纠缠。不再为自己增加无谓的烦恼。放下是一种感悟，更是一种心灵的自由。"放下就是快乐"，是一种顿悟之后的豁然开朗；一种重负顿释后的轻松如意；一种云开雾散后的阳光灿烂。只要你心无挂碍，什么都看得开、放得下。何愁没有快乐的春莺在啼鸣！何愁没有快乐的泉溪在歌唱，何愁没有快乐的白云在飘荡，何愁没有快乐的鲜花在绽放！

1. 放弃是人生的大智慧

放弃是一种勇气，更是一种智慧，放弃就意味着选择，放弃错误就是选择成功。

放弃是人生中的大智慧、大气魄，放弃中难免蕴涵着许多遗憾，在放弃的过程中也许对原有的诱惑还抱有幻想，但恰恰是因为放弃我们才找回了本真与自我，并朝着既定的目标迈出坚实的步伐。拨开那障目的杂枝繁叶，终将看到静待攀登的山岳。

其实人生就是一个不断选择的过程，每当你紧握双手，里面什么也没有；当你打开双手，世界就在你手中。往往鱼和熊掌不可能兼得，见什么要什么，想什么是什么，被物所役、被事所迷的心态是最为明智的选择。那些试图抓住身边每一个机遇从不放过的人是辛苦的，事实上它不但不能使自己真正拥有，反而会加重心灵的负担，缩小自由的空间，使自己身不由己，最终迷失于形形色色的诱惑之中。

传说有一个富人，在坐船过河时，由于风浪太大，船被浪打翻了，富人落入水中。由于身上带了过多的金币，本来可以轻松游到岸边的他几乎要沉入水中。富人拼命地挣扎，但就是不放弃身上的金币，最后终因体力不支而丢掉了性命。

这个富人其实就是不懂得放弃的道理，不知道暂时的放弃之后就可以获取更多的利益。

在得到的同时，你也在失去；在选择的同时，你也在放弃。你有无数个机会，但你只能选择其中之一。人生没有全选，一个人终其一生，只能选择一种生活。也许，你会说，只选择一种可能，这样的生活是不是太单调枯燥？其实并不是这样，我们的确只能选择一种适合自己的生活道路。

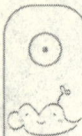

比如，你选择了当作家，你就无法体会做一名成功的商人的乐趣；你选择了单身汉的自由，你就无法体会婚姻的温馨。

现年55岁的英国退役军人迈克·莱恩曾是一名探险队员。1976年，他随英国探险队成功登上珠穆朗玛峰。而在下山的路上，他们却遇到了狂风大雪。每行一步极其艰难，最让他们害怕的是风雪根本就没有停下来的迹象，这时，他们的食品已为数不多。如果停下来扎营休息，他们很可能在没有下山之前就被饿死；如果继续前行，大部分路标早已被积雪覆盖，不仅要走许多弯路，而且每个队员身上所带的增氧设备及行李等物都压得他们喘不过气来，步履缓慢，这样下去他们不饿死也会因疲劳而倒下。

在整个探险队陷入迷茫的时候，迈克·莱恩率先丢弃所有的随身装备，只留下不多的食品，轻装前行。

他当时的这一举动几乎遭到所有队员的反对，他们认为现在到山下最快也要10天时间。这就意味着这10天里不仅不能扎营休息，还可能因缺氧而使体温下降导致冻坏肉体。那样，他们的生命都是极其危险的。面对队友的顾忌，迈克·莱恩很坚定地告诉他们说："我们必须而且只能这样做，这样的雪山天气10天甚至半个月都有可能不会好转，再拖延下去路标也许会被全部掩埋。丢掉重物，就不允许我们再有任何幻想和杂念，只要我们坚定信心，徒步而行就可以提高走的速度，也许这样我们还有生的希望！"结果，队友们采纳了他的建议，一路互相鼓励，忍受疲劳、寒冷，不分昼夜只用8天时间就到达安全地带。确实，恶劣的天气正像他所预料的那样从未好转过。

不久以前，坐落于伦敦英国国家军事博物馆的工作人员找到迈克·莱恩，请求他赠送给博物馆任何一件与英国探险队当年登上珠穆朗玛峰有关的物品，不料收到的竟是莱恩因冻坏而被截下的10个脚趾和5个右手指尖。

正是因为他当年一次正确的放弃，才挽救了所有队友的生命；也正是由于这个选择，他的登山装备也就无一保存下来，而冻坏的指尖和脚趾却在医院截掉后留在了身边。这是博物馆收到的最奇特而又最珍贵的赠品。

有个和尚千里迢迢来向禅师求道。禅师先是以礼相待，却不说禅，他将茶水倒进和尚的杯子，杯子已经满了但是还在继续倒。

和尚眼睁睁看着茶水不停地流出来，终于忍不住大声问道："都已经满了，你怎么还倒啊！"

禅师笑了笑："你就像杯子一样，里面已经装满了你自己的看法，如果你不将自己的杯子倒空，我怎么和你说禅啊！"

禅师的话是富有哲理的。人只想获得，什么都不愿意放弃，抓住自己的东西不放，不懂得放弃，这样怎么能领悟生活的真谛呢？

每次整理家庭药箱的时候，看着一堆药因为过期而不得不扔掉的时候，心里总是舍不得，觉得很遗憾。其实，药没用过期了，那说明全家健康，这明明是大好事啊。为什么不把每一次清理药箱当成高兴的喜事呢？

生活中这样的例子还有很多。这说明，很多人观念还没有放开，还不懂得放弃。

章鱼碰到强敌时，会舍弃自己的内脏，保全自己的性命。遇上天敌时，蜥蜴会断弃自己的尾巴得以死里逃生。小蝌蚪之所以长成了青蛙，是它舍弃了一条漂亮的尾巴。

不会放弃就等于背上许多沉重的负担。比如说，那些式样过时或者陈旧的衣服，穿不出去，在家穿着也很不舒服，但是很多人还经常花时间去收拾，整理，翻晒，费时费力，还让旧衣服占着本来就拥挤的衣柜。那么，为什么不选择扔掉或者捐给需要的人呢？这样不是很好吗？

放弃是一种执著，更是一种自信，它需要有宠辱不惊的豁达，无怨无悔的宁静和默默无闻的期待。放弃也许是一种痛苦，但这更是一种境界。放弃者正是在这种跌宕的过程中开拓进取，真正抵达人生的目的地。放弃的意义也正在于这种过程的朴素与练达。

165

心理解脱

生活原本是淳朴简单的，人们因为不懂得舍弃才会有许多痛苦。只有舍弃才能释放出新的空间，天地因此豁然开朗，生命会向你展现出另外一番景致。放弃才是完美人生的大智慧。

2. 舍弃也是一种美丽

失去是为了更好地得到，有所失，才能有所得，大舍大得，小舍小得，不舍不得，舍弃是一种艺术，更是一种美丽。

人们都渴望完美，可是人生难免会出现空白和缺憾，只有懂得人生、够成熟、够理智的人才懂得舍弃，有时候舍弃也是一种美丽。

有一档收视率很高的节目，主持人非常了解人们的心理，总是能把节目主持得恰到好处，既能吸引人们参与，还能不时把人逗得哈哈大笑。

有这样一档节目充满了智慧和人性的美丽，它给人创造了一个实现梦想的机会。虽然很多人在实现梦想的过程中铩羽而归，但是也有人能够挑战成功。在主持节目过程中，女主持人的微笑有无穷的魅力，参与者在她微笑且带鼓励的"继续吗"的提问中，往往都是一往无前地继续下去。

在这个节目中能答对全部 12 道题的人很少，在关键时候的一次失误，就会前功尽弃，被淘汰出局。大多数选手面对这种新鲜刺激的玩法，都选择了"继续"，因为这是一个挑战梦想的机会，每一个人都不愿意轻易放弃。

这一天，又一位挑战者坐在了主持人的对面，他很聪明，也很幸运，已经闯过了九关，该第十关了。这道题的难度很大，他毫无把握，求助，找人询问，所有的求助方法已经全部用完，他还是得不到什么结果。观众席上，怀孕的妻子在关切地看着他。

漂亮的女主持人仍像以往一样，微笑地问对面的挑战者："继续吗？"

他皱眉考虑了片刻，又绽放笑容，轻声说："放弃。"

女主持人一愣，在这个节目里很少有人会选择放弃，这是一个全国性的节目，在全国电视观众面前，就算是失败了，也是轰轰烈烈，如果运气好或许就能蒙对了。就这么放弃，那不是一生的遗憾吗？

主持人没有死心，继续问："真的放弃吗？"并且一连问了三次。这位挑战者没有犹豫，坚定地说："放弃。"

主持人又问："不后悔？"他笑了："不后悔，我的梦想都已经实现。该得到的都已经得到了，这个时候放弃了有什么好后悔的。

在准备离开的时候，主持人看着他怀孕的妻子问他："你今天选择了放弃，如果你的孩子长大后问你，爸爸，那天的挑战节目你为什么不坚持到底？你该怎么回答？"

这位挑战者说："我会告诉我的孩子，人生没有十全十美，也不一定每一个人都非要走到最高点。"

主持人又接着问："如果你的孩子又问，我以后考 80 分就满足了行不行？"

这位挑战者笑着回答："如果他已经尽了自己最大的努力，80 分也可以。因为第一只有一个，并不是每个人都要当第一。人生懂得选择也懂得放弃，才会得到更多。"他的话音刚落，全场响起了热烈的掌声。

这是一个懂得人生智慧的人。舍弃是一种豁达的人生态度，人生不可能永远都要成为第一。如果人人都抱着不成功便成仁的想法，岂不是要天下大乱？为了追求完美而将自己跌得头破血流，不但不会得到更多，反而可能连自己已经拥有的都要丢失。

拉斐尔 11 岁那年，一有机会便去湖心岛钓鱼。在鲈鱼钓猎开禁前的一天傍晚，他和爸爸早早又来钓鱼。安好诱饵后，他将鱼线一次次甩向湖心，在落日余晖下泛起圈圈的涟漪。

忽然钓竿的另一头备感沉重起来。他知道一定有大鱼上钩，急忙收起鱼线。终于，孩子小心翼翼地把一条竭力挣扎的鱼拉出水面。好大的鱼啊！它是一条鲈鱼。

月光下，鱼鳃一吐一纳地翕动着。爸爸打亮小电筒看看表，已是晚上十点——但距允许钓猎鲈鱼的时间还差两个小时。

"你得把它放回去，儿子。"爸爸说。

"爸爸！"孩子哭了。

"还会有别的鱼的。"爸爸安慰他。

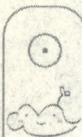

"再没有这么大的鱼了。"孩子伤感不已。

他环视了四周，已看不到一个渔艇或钓鱼的人，但他从爸爸坚定的脸上知道无可更改。暗夜中，那鲈鱼抖动笨大的身躯慢慢游向湖水深处，渐渐消失了。

这是很多年前的事了，后来拉斐尔成为纽约市著名的建筑师了，他确实没再钓到那么大的鱼，但他却为此终身感谢爸爸，因为放弃让他懂得了诚实，放弃让他懂得了守法，放弃让他深深地感到了人生的美丽，放弃也让他猎取到了生活中的大鱼——事业上成绩斐然。

心理解脱

学会选择，懂得放弃。放弃是一种智慧，也是一种美丽。生活不要追求绝对完美和一时得失，做到收放自如，人生会更显轻松。

3. 丢下包袱，别为外物所累

懂得放下包袱其实是一种境界\一种修养。没有太多的纷扰和欲望的束缚，就会活得更加简单，更加洒脱，更加自由。

放下就是快乐！说得真好。在我们日常生活中，如果你被名缰利锁缠身，整天患得患失，何言快乐？如果你为人处世小肚鸡肠，心胸狭窄，快乐何在？

如果你终日心事重重，烦恼郁闷，快乐又到哪里去寻呢！《红楼梦》中有句话：赤条条来去无牵挂。每一个人都是赤条条地来到这个世界上，最后又赤条条地离去。所以大可不必背上功名利禄等身外之物的沉重包袱。人生短暂，要想活得潇洒快乐一些，不妨尝试放下一些：

放下功名与利禄，放下自私与贪婪；

放下权术与心计，放下伪装与假话；

放下清高与冷漠，放下固执与偏见；

放下狭隘与报复，放下指责与埋怨；

放下领导的架子，放下长辈的尊严；

放下所有该放下和能放下的……

那么，你便会觉得"心轻万事如鸿毛"，你的心间就会时时被喜悦充盈，你的身边就会常常有快乐相伴。

一个青年背着一个大包裹千里迢迢跑来找大师，他说："大师，我是那样的孤独、痛苦和寂寞，长期的跋涉使我疲倦到极点：我的鞋子破了，荆棘割破双脚；手也受伤了，流血不止；嗓子因为长久地呼喊而嘶哑……为什么我还不能找到心中的阳光？"

大师问："你的大包裹里装的是什么？"青年说："它对我可重要了。

里面是我每一次跌倒时的痛苦，每一次受伤后的哭泣，每一次孤寂时的烦恼……靠了它，我才有勇气走到您这里来。"

于是，大师带青年来到河边，他们坐船过了河。上岸后，大师说："你扛着船赶路吧。"青年很惊讶："它那么沉，我扛得动吗？""是的，你扛不动它。"大师微微一笑，说："过河时，船是有用的。但过了河，我们就要放下船赶路。否则，它会变成我们的包袱。痛苦、孤独、寂寞、灾难、眼泪，这些对人生都是有用的，它使生命得到升华，但须臾不忘，就成了人生的包袱。放下它吧！生命不能太负重。"

青年放下包袱，继续赶路，他发觉自己的步子轻松而愉悦，比以前快得多。

现实生活中也是如此，放下不必要的东西，简化自己身边的事物，减少心中的贪欲，我们就会过得轻松一些、愉快一些。

看一个富翁，他有很多钱财，称得上富甲一方，但是他过得并不开心。富翁苦思冥想，找人求教，却难以获得答案。于是越来越不快活的富翁把家里的钱财都折换成金钱财宝，存进了钱庄，只带了少量金银出去，想弄明白不开心的原因。

富翁走过很多地方，但还是没有寻找到他想要的答案。一天晚上，沮丧而绝望的富翁走到了一个小山村里，他坐在一个石头上长吁短叹。这时候一个打柴的老头从山上下来，他背着一大捆木柴，虽然累得满头大汗，嘴里却依然哼着山歌，显得很开心。

富翁看见这种情景，觉得很不可思议。老头穿得破破烂烂，背上的木柴沉甸甸的，满脸都是汗水，这样的生活有什么快乐可言呢？而他却看起来那么高兴，富翁决定问个清楚。

于是他请求老头让他借宿一晚，老头很爽快地答应了。老头的家里很穷，几间茅草房，一件像样的家具都没有，吃穿的东西基本上都是自己生产，可是这一家人显得很快乐。

富翁怎么想也想不通，就问老头快乐的原因。老头接着说道："快乐是很简单的事情，能放得下就行了。"富翁仍然难以理解，第二天起身告辞时，他把自己身上的银子拿了出来表示酬谢。富翁心想：这老头家里这么穷，他们有了银子一定会很高兴。不料老头坚持不要，后来见富翁非常真诚，就拿了银子，并邀请富翁再住一天。第二天附近所有人都来到这个老头家里，给富翁送行，还给他带来了好多小礼品。原来老头把这些银子全部拿来给村里的人们买了一些必需的用品，供大家共同使用，并告诉大家是富翁资助的。村里人非常感谢这个富翁，听说他要走了，特意来为他送行。

富翁从来没有遇到过这样的事情，他感动极了，心中充满了前所未有的感动，他知道这就是快乐。他没有想到给老头的一点银子，会换来这么多真诚的感谢，这个时候，他终于明白什么叫做"放得下就是快乐"了。自己以前有着巨额财富，但是只知道赚钱，却从来没有做过有意义的事情，担心别人觊觎自己的财产，担心自己的财产减少，老是担心有人会谋害自己，弄得整日忧心忡忡，这样的生活怎么可能让人快乐呢？

寻找到快乐的富翁将自己的钱财拿来救济穷人或用于公益慈善事业，看着自己帮助过的人都笑逐颜开，富翁也开心地笑了。

心理解脱

生活中常常为一些身外之物劳心费神，不懂得丢下包袱、放弃烦恼，永远也得不到真正的快乐和幸福！

171

4.忘掉不该记住的事情

人可以记忆，而不必回忆。一切的回忆都有毒，不论这回忆是痛苦还是甜蜜。

生活中，有一部分人，因为过去受到别人欺骗，所以以后生活中就害怕和人交往，更不能够宽恕以前欺骗过他们的人。还有一些人，只为了年轻时候曾经受到同学的排斥和奚落，到后来都一直为这种事伤心。更有不幸已经离婚的人，对生命永远感到残缺。也有因为第一次恋爱失败，所以再不肯重入情关。还有一些人，曾经偷了一些东西，到后来，虽然没有重犯，也一直在惩罚自己。

其实他们哪里知道，抓住以往所发生的事情不放，只会令他们更伤痛。过去的事情不该记住的就应该忘记，这样才能有个好心情，如果对过去的事情一直耿耿于怀，不但会影响到自己的工作和生活，更会影响自己的身体健康。

法国作家安德鲁·摩洛曾经说过这样一句话："不去遗忘，就不会有幸福。"念念不忘该忘记的事情，就如同背着一大块石头上山，既没有任何必要，还把自己累得够呛。既然如此，何不忘记呢？

忘记一场刻骨铭心、山盟海誓的爱情，当然不容易，然而既然这段感情已经过去，念念不忘沉浸于其中又有什么用呢？既然那段难忘的时光已然远去，既然生活还要继续，又何必把自己拴死在一个地方？忘记一段共患难同生死的友情也是不容易的，然而既然友人已经远去，把自己包裹在悲痛当中也不能使之死而复生，何不把这段友情放在心底，当作鼓舞自己前进的动力？忘记曾经辉煌的过去也很不容易，然而昨日的辉煌已经化为尘土，就算是横扫天下的秦皇汉武，在现在也只存在于历史的记忆中，何

况芸芸众生？

忘记该忘记的事情，打起精神，再从头开始。人生确实充满了苦难，可是总不能背上苦难的枷锁去痛苦一生吧。曾经有一个女人，她漂亮而富有，但不幸的是结婚以后丈夫就一去不复返了，据说是有了别的女人。这个女人痛苦万分，但是一直过去了几十年，直到她去世，她还保存着新婚房间的布置，还念念不忘这段痛苦的婚姻。在临死的时候，她还在想着那个弃她而去的男人。每个人可能都在佩服她的痴情和坚贞，都在谴责那个男人的负心薄情。但是反过来想想，其实她完全可以抛开痛苦，为自己寻找到应有的幸福，而不是就这么痛苦地度过一生。

忘记该忘记的事情，也许过去的生活是锦衣玉食，今天是粗茶淡饭，但是昨天有昨天的辉煌，今天有今天的安宁。过去的都已经过去了，它不再回来，也没有理由将它当作一个巨大的包袱背在身上。生活还要继续，与其继续为过去的事情哭泣，还不如更好地珍惜现在，让自己的明天更快乐。

某单位组织去三清山旅游，小丁把与同住一室的旅伴托给了一位男士："她有恐高症，请你在乘缆车时照顾她。我恐怕会晕车，不能照顾她。"

第二天，他们一行来到了乘坐缆车的地方，将与小丁同坐的是一位男士，他瞧瞧小丁说："我和一位女士同坐啊！"这是一些男士们惯常说的一句话，但从他的话语中似乎听不出男士们说这句话时惯常露出的那种轻松诙谐的语气。

坐到缆车上，那位男士开始到处寻找扶手。

他说："怎么连个扶手都没有呢？"他有点失望。

缆车开动了，那位男士对小丁说："不好意思，我有恐高症。我在家里往天花板上安个灯泡都是我老婆做的。"

原来如此，小丁这才想起他临上缆车时那句话的含意，原来他希望有个男士与他同坐，好照顾他。

"我倒是不恐高，但我恐怕会晕车。如果刮起风来，缆车一摇晃，我就可能会晕。记得……"小丁一边说，一边懊丧地想：怎么这么巧，昨天刚送走了一个"恐高症"，今天偏又遇上了一个"恐高症"。一时间，缆车中的两个人，一个在诉说着她的晕车症状，一个在诉说着他的恐高症状。

"你还好，不怕高。""恐高症"对小丁说。

"高有什么可怕的，我一点都不觉得怕。你别总想着它啊。"小丁说。这时，小丁突然想到：我又干吗要总惦记着晕车呢？

"你瞧，那棵树上的花好漂亮，那是什么树啊？"小丁有意把话扯开。

"这你都不知道？你大概是城里人吧，我们县城里有很多小山丘，山上有各种各样的树。这是……"他滔滔不绝地讲开了。

他们一起欣赏着窗外的美景，谈论着各自了解的植物知识。他们从野生植物谈到了野生动物，从大自然谈到了人生的感悟……他们愉快地交流着，把恐高症和晕车症全抛到了脑后。最后安全而愉快地走下了缆车。

与其时刻惦记着自己的恐高和晕车，不如去欣赏窗外美丽的风景。在人生的道路上懂得欣赏风景的人，才会忘记不幸和烦恼。忘记不该记住的，你就会成为一个快乐的人。

心理解脱

苦难是每个人都会经历的，不要沉浸在痛苦中不能自拔，拿得起就要放得下。忘记痛苦，活得轻松一些，也许会发现，明天依然美好。

5. 放不下才会有烦恼

如果你自己不把烦恼带进门来，烦恼是不会主动找上门来的，因为你放不下，所以你不开心，只有放下才能快乐。

一个人在心情不好的时候通常会不自觉地把坏心情抱得很紧：关门不跟人说话，嘟着嘴生闷气，锁着眉头胡思乱想，结果心情更坏、更难过。我们想拥有好心情，就得从坏心情中解脱出来，放下心情的包袱，从烦恼的死胡同中走出来。对于那些给自己制造困扰的想法，要狠下心来，把它抛开，这就能应付自如，拥有好心情。因此，人人都应该学会放下，放下才能快乐。

有一天，一个小和尚跟师父去山下化缘，小和尚一路上都恭恭敬敬地看着师父。他们走到一条小河边的时候，看到有一个很漂亮的女孩子站在河边发愁，她的衣服很漂亮，她要过河就必定要弄脏她的衣服，但是她又不想弄脏自己的衣服。

这个时候，老和尚走上前去问小姑娘："你是不是想过河啊……那我背你过吧！"于是老和尚就背着这个小姑娘过了河，然后把她放下。老和尚就带着小和尚继续走。

此时的小和尚再也不能安心走了。他一直在想师父不是常和我们说，我们出家人不能近女色的吗？为什么他就背着小姑娘过河呢？他们都离开河边20多里地了，小和尚还是一直被这样一个问题困惑着，一路挺纳闷的。

小和尚终于忍不住开口问老和尚："师父，你不是说我们出家人不能近女色的吗？为什么你就能背那个漂亮姑娘过河呢？"

师父笑了笑对他说："其实我过了河就把姑娘放下了，而你却背着她走了20多里地……"

人生中最大的悲剧，就是有不少人喜欢给自己的人生加上很多沉重的负担，因而造成无谓的痛苦。

过去有一男子出门办事，跋山涉水，好不辛苦。

有一次，在经过一道险峻的悬崖时，不小心掉下深谷。眼看生命危在旦夕，此人本能地舞动双手在空中乱抓，刚好抓住崖壁上枯树的老枝，总算保住了性命。

但是这位男子悬荡在半空中，上下不得，正不知如何是好的时候，忽然看到慈悲的佛陀，站立在悬崖上，慈祥地看着自己，此人赶快求佛陀说："大慈大悲的佛陀！求您救救我，一定要救我啊！"

"我就是来救你的，但是你要听我的话，我才有办法救你上来。"佛陀慈祥地说。

"佛陀！到了这种地步，我怎敢不听您的话呢？随您说什么，您怎么说，我就怎么做，我全都听您的。"

"好吧！那么请你把攀住树枝的手放下！"

此男子一听，心想："把手一放，势必掉下万丈深渊，跌得粉身碎骨，哪里还保得住生命？佛陀会这样害人吗？这个家伙肯定是骗子！"

因此！这个男子就抓紧树枝不放，佛陀看到此人执迷不悟，只好摇摇头、叹叹气，走了。

放手，未必会死，或许还有生的可能，但是不放必死。当你手中抓住一件东西不放时，你只能拥有这件东西，如果你肯放手，你就有机会选择别的。人如果死守着自己的观念，不肯放下，那么他的人生道路只会越走越窄。其实，人只要肯换个想法，调整一下态度，放下心中的包袱，就能让自己有新的心境。

"九连环"这种益智游戏的历史非常悠久，据说发明于战国时期。它是人类发明的最奥妙的玩具之一，无论解下还是套上，都要遵循一定的规则。19世纪时有人经过论证，证明共需要341步，到目前为止还没有其他更为便捷的答案。

"九连环"的玩法比较复杂，解套方法是在前两环解下后，要解第三环时，需先将解下的第一环再套回，然后才能解下第三环，之后再套回第一环；到解第四环时，依前法套回前面的三环，再解下开首的前二环，然后才能解下第四环，最后又套上开首的前二环。以此类推，每要解开一个环，就必须将前面已解开的环再套回去，直到解到第九环，须将前面所有已解开的环都再套回去。如果解套者在每一步骤中，舍不得把好不容易解下的环套回去，那么这个九连环就无法全部解开。

因为放不下，我们就无法解开人生层层缠绕的环扣，无法解脱。能解套与否，就全在人们的一念之间。因为放不下，所以无法解脱……

心理解脱

我们的生活就犹如这个九连环，是一个一个环扣所组成的。如果只贪图眼前的小名小利，只安逸于现有解开的那个环，而不肯放弃，那么就无法再进一步，获得更多的收获；对于悲欢离合的"环"放不下，就会在悲欢离合里痛苦挣扎；对于心中的"环"放不下，生命就会被抑郁套牢。

十一、活在当下

　　假若你时时刻刻都将力气耗费在未知的将来，却对眼前的一切视若无睹，你永远也不会得到快乐。一位作家这样说过："当你存心去找快乐的时候，往往找不到，唯有让自己活在'现在'，全神贯注于周围的事物，快乐便会不请自来。"或许人生的意义，不过是嗅嗅身旁每一朵绚丽的花，享受一路走来的点点滴滴而已。毕竟，昨日已成历史，明日尚不可知，只有"现在"才是上天赐予我们最好的礼物。用平常的心对待眼前的每一天，用感恩的心对待当下的生活，我们才能读懂人生快乐的真谛！

1、活在当下，莫瞻前顾后

患得患失是自我折磨，杞人忧天叫自寻烦恼，活在当下，快乐每一天，莫瞻前顾后。

有两只鱼缸。左边一只养了八条红金鱼，右边一只养了一条黑金鱼。

红金鱼们望着黑金鱼发呆，心想：黑金鱼住的地方多么宽敞。黑金鱼望着红金鱼们也发呆，心想：红金鱼们住的地方多么热闹。

于是，红金鱼们纷纷往黑金鱼的缸里跳，黑金鱼则急切地往红金鱼的缸里跳。

结果，左边缸里变成了一条黑金鱼，右边缸里变成了八条红金鱼。两边缸里的金鱼望着对方，目瞪口呆。

想宽敞的依然拥挤，想热闹的依然孤单。这就是生活，从一只鱼缸跳到另一只鱼缸，结果什么也没变。

兰波说，生活在别处。是的，熟悉的"此处"没有风景。但当我们兴冲冲地到达"别处"时，又会懊恼地发现，它已变成了"此处"。

最理想的生活在于经营现在，而不是盲目地追求"别处"。

世间的事难以琢磨，谁都不知道明天会发生什么样的事情。珍视每一天，活在当下。快乐是一天，不快乐也是一天，既然如此，何不轻轻松松地度过每一天。

西方有一位哲学家无意间在古罗马城的废墟里发现了一尊"双面神"神像。他虽然博古通今，但对这尊神像却很陌生。于是，他问神像："请问尊神，你为什么有一个头，却有两副面孔呢？"

双面神回答说："这样才能一面察看过去，以记取教训；一面瞻望未来，以给人憧憬。"

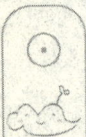

那位哲学家又问："为何不注视最有意义的现在呢?"

"现在?"双面神有些茫然,不知所措。

那位哲学家说:"过去是现在的逝去,未来是现在的延续,但是,你既然无视于现在,即使对过去了如指掌,对未来洞察先机,又有什么意义呢?"

双面神沉默不语,突然号啕大哭。

原来他就是没有把握住"现在",罗马城才被敌人攻陷,他才因此遭人丢弃,流落在废墟之中。

有些人总是为逝去的岁月后悔不已,有的人整天沉浸在对未来的幻想之中,却忽略了现在的存在价值,结果顾此失彼。

曾经有某家电视台播出了这样一个栏目,主要讨论哪个年龄段才是最宝贵的,为此,征询了很多人的意见。

一个小男孩说:"两个月时。因为可以被父母抱着走路,可以充分体验父母的关爱。"

另一个小女孩子回答:"两岁时才是最美好的。因为那时不用去上学。想做什么就可以做什么,想要什么就有什么,那时是父母掌中的宝贝。"

一个青年说:"18岁时。因为那时已经成年并且高中毕业了,可以开车去任何想去的地方。"

一位中年妇女说:"25岁时。因为那时精力最充沛,现在我已经45岁了,越来越感觉力不从心了,就连走上坡路都感觉吃力。"

另一位成功人士说:"有些人认为40岁时是人生中最美好的年龄。因为人到40岁时,才是人生的刚刚开始。无论从精力还是生活、事业上讲,都刚刚走上人生旅途中最光明的那部分,以前只是在清理前进道路上的荆棘。"

一位男士说:"45岁时,因为那时已经尽完了抚养子女的义务,可以充分享受生活了。"

一位女人说:"65岁时,因为那时可以开始享受退休生活,操劳一辈子的心终于可以放下了。"

一位老太太说:"其实,生命中的每一天都阳光灿烂,只是人们不知道去珍惜。"

的确，生命中的每个年龄段都有它美好的一面，"一寸光阴一寸金，寸金难买寸光阴。"生命与时间都是非常宝贵的，绝不可以轻易浪费掉。人生短暂，世事无常，每天都是特别的日子，每一刻都很可贵，活在当下，莫瞻前顾后，快乐地过好每一天。

有人说过，昨天是一张作废的支票，明天是一笔不能取用的存款，今天却是摆在你面前的现金。这个比喻形象地说明了今天的重要。

美国大名鼎鼎的艾德华·伊文斯，出身贫穷，曾卖过报纸，做过杂货店伙计，当过图书馆管理员，日子过得很紧。几年后，他下定决心，借了50美元开创事业，结果不到一年赚了几万美元。他以为时来运转，从此可以过上好日子。不料，他存钱的那家银行一夜间破产倒闭，他也随之一贫如洗，还欠下近两万美元的外债。他绝望了，整天吃不下饭，睡不着觉，结果得了一种奇怪的病，全身溃烂，医生说他最多活不过三个星期。痛苦不堪的他万念俱灰地写好遗嘱，一心等死。

就在这时，他读到了一句话："生命就在你的生活里，就在今天的每时每刻中。"这句话使他翻然醒悟，马上调整心态，抛开忧虑和恐惧，开始安心休养。十几个星期后，他竟然没有死，身体慢慢得到恢复，还能拄着拐杖走路了。又过了几个星期，他就回去上班了。从此，他将全部的时间和精力都投入工作中，几年后，他成了一家公司的董事长，他的公司长期雄霸着纽约的股票市场。

不难看出，艾德华读到的那句话明确地告诉我们；生命只在今天。时间最主要的特点是它的单向性，即只向前，不向后，从来不后补。正因为如此，我们不可能把时间储存起来，我们得到的时间仅仅是在当时，在今天。

一位诗人说："谁今天播下种子，明天他就能在田里采集秧苗。"耕耘与收获构成了一对因果关系，一天与一生同样如此。老年已进入黄昏晚景，生活每天都变得十分珍贵。我们通过每一天的劳作，多为社会、为他人增添一份美丽，也将为自己的人生增添一份光彩。

人世间，积极而进取的生活者毕竟居多，因而我们可以说，人生更像一条河，河流的源头可视为人的幼年时期。在那里，水流显得十分迟缓和温柔。人渐渐长大了，犹如河中之水，汇集得越多，速度也越来越急促。这时，前面有山石阻挡，水流下冲时便溅起了水花和旋涡，形成了急流、弯道、险滩。这就好比成年青年，踏进社会就必须拼搏、奋斗，因此也必会碰上许许多多的困难、挫折、痛苦。河水咆哮着穿过险境后，河床越来越宽阔，水流也逐渐平缓舒坦起来。这好比人到中年，事业有成，生活也比较稳定，可以边奋斗边享受人生了。河水再往下流，已经疲惫了，最后它注入大海——在无边的生命之海里回归于本源。

识得人生如此，大凡有进取心的人往往在"看破红尘"中感到光阴似箭，岁月相催，于是就深深感到做人就是做事，要有不待扬鞭自奋蹄的精神才好。这样就能把"减法"做得好一点，将"现金"用得活一点，使"河流"奔腾得激越一点。如此，我们不能左右生命的长度，却能为拓宽了生命的宽度而自慰自豪！

心理解脱

人生的最终目的就是追求快乐与幸福，生命中的每一天都是阳光灿烂，只要仔细留意身边的环境，就会发现生活处处都有美好的事物存在。

2. 脚踏实地才能实现梦想

不脚踏实地地工作，梦永远就只能是梦想。

古罗马大哲学家希留斯曾经说过："想要达到最高处，必须从最低处开始。"飞机飞得再高，也必须从地面起飞。但是可悲的是，这个道理不是每个人都明白。

很久很久以前，有个人很有钱，但他生来就很愚蠢，却又自以为是，因此常常干出一些让人哭笑不得的事来。

有一次，他到另一个有钱人家里去做客。站在客人府邸的三楼上，能看见远方的景致，真是美妙极了。他心中不禁十分羡慕，想道：要是我也有一幢这样的三层楼房，在上面喝茶赏景，那是多么幸福的事情！

于是他回到家后，马上叫人请来泥瓦匠，吩咐道："你们给我建一座三层楼房，越快越好！"

于是泥瓦匠不敢耽搁，立刻开始动工，打地基、和泥、垒砖头，开始修建楼房的第一层。

这个有钱人天天跑到工地上去看，看到头几天地基打好了，又过了几天，垒了几层砖，再过了几天，砖也越垒越高了。然而，这个有钱人还是十分着急，看到过了这么些天，他要的房子还没有成形，于是不耐烦地跑去问泥瓦匠："你们这是在建什么房子啊，怎么一点儿都不像我要的那种呢？"

泥瓦匠说："不是照您的吩咐在建吗？这就是第一层了。"

有钱人又问："难道你们还要修第二层？"

泥瓦匠奇怪地回答："当然了，有什么问题吗？"

有钱人暴跳如雷，勃然变色道："蠢东西，我看中的是第三层，叫你们修的也是第三层！第一层、第二层我都有，还修它干什么？"

泥瓦匠听了目瞪口呆，接着说："那您就自己修您的第三层吧！"

就这样，这个有钱人请了无数的泥瓦匠，也没能按他的要求建成房子，他也就一直没能实现在他的三层楼上喝茶观景的舒适生活。

在很久以前，希腊有个一心想成为富翁的人。他觉得成为富翁的最短的捷径便是学会炼金之术。

此后他把全部的时间、金钱和精力，都用在炼金术的实验中了。不久以后他花光了自己的全部积蓄，家中变得一贫如洗，连饭都没得吃了。妻子无奈，跑到父亲那里诉苦。她父亲决定帮女婿改掉恶习。

岳父让他前来相见，并对他说："我已经掌握了炼金之术，只是现在还缺少一样炼金的东西……"

"快告诉我还缺少什么？"急于想成为富翁问道。

"那好吧，我可以让你知道这个秘密。我需要3公斤香蕉叶的白色绒毛。这些绒毛必须是你自己种的香蕉树上的。等到收齐绒毛后，我便告诉你炼金的方法。"

他回家后立刻将已荒废多年的田地种上了香蕉。为了尽快凑齐绒毛，他除了种以前就有的自家的田地外，还开垦了大量的荒地。当香蕉长熟后，他便小心地从每张香蕉叶下收刮白绒毛。而他的妻子和儿女则抬着一串串香蕉到市场上去卖。就这样，十年过去了。他终于收集够了3公斤绒毛。这天，他一脸兴奋地拿着绒毛来到岳父的家里，向岳父讨要炼金之术。

岳父指着院中的一间房子说："现在你把那边的房门打开看看。"

他打开了那扇门，立即看到满屋金光，竟全是黄金，他的妻子儿女都站在屋中。妻子告诉他这些金子都是他这十年里所种的香蕉换来的；面对着满屋实实在在的黄金，他恍然大悟。

不脚踏实地地工作，梦想永远只是梦想，永远也不会变成现实的。如果把捷径理解为一蹴而就的话，成功是没有捷径可以走的；如果把捷径理解为到达成功最短的距离的话，成功的捷径就是我们脚踏实地地奋斗、扎扎实实地努力！

脚踏实地的人最容易获得机会。脚踏实地是做人所必备的素质，也是实现梦想、成就一番事业的关键因素。一步一个脚印，平和沉稳，做事踏实认真，这样的人走遍天下都受欢迎，何愁机会不会找上门来。做老实人，办老实事，就是脚踏实地地做人，踏踏实实地做事。

许多人刚步入社会，就梦想以自己之能完全可以做个领导者、管理者，如果让他们从基层做起，他们就会觉得很没面子，甚至认为这是大材小用。殊不知，他们虽然有远大的理想、丰富的理论知识，但是缺乏专业知识和经验，更缺乏脚踏实地的工作态度。自以为是、自高自大是脚踏实地的最大敌人，你若时时把自己看得高人一等，处处表现得比别人聪明，那么你就会不屑于做普普通通的工作，不屑于做小事、做基础的事。

因此，我们要想实现自己的梦想，就必须调整好自己的心态，打消投机取巧的念头，从一点一滴的小事做起，在最基础的工作中，不断地提高自己的能力，为自己的人生之路积累雄厚的实力。

无论多么平凡的小事，只要从头至尾彻底做成功，便是大事。假如你踏踏实实地做好每一件事，那么绝不会空空洞洞地度过一生。我们都是平凡人，只要我们抱着一颗平常心，踏实肯干，有水滴石穿的耐力，我们获得成功的机会，肯定不比那些禀赋优异的人少到哪里去。

美国已逝的总统罗斯福曾说过，成功的平凡人并非天才，他资质平平，但却能把平平的资质发展成为超乎平常的事业。一个人如果有了脚踏实地的习惯，具有不断学习的主动性，并积极为一技之长下工夫，那么成功就会变得容易起来。一个保持踏实心态做事的人，总有一颗热忱的心，他们甘于凡人小事，肯干肯学，多方向人求教，他们不爱张扬，却在各种不同工作中不断追求，取得了成就。

心理解脱

　　梦想不会无缘无故地成为现实，更不要幻想通过奇迹来改变自己的生活。我们需要的是自己一步一步脚踏实地地朝着目标前进，只有这样，成功才会有水到渠成的一天。

3.随遇而安，自得其乐

要为自己的拥有而高兴，不为自己的所无而忧虑。懂得"随遇而安"，才人活得踏实，过得快乐。

在幽静的山庄，他出生的那个春天，他的祖父在庭院里栽下一棵银杏树。

童年时的他觉得树就是世界。那春天张开的嫩绿树枝，那夏天浓郁的林荫，那秋天金黄的蝉鸣，还有冬天凋敝的空灵，便是他的整个世界。

少年时的他觉得世界是树上方的天空，是飘浮的云，是遥远的天际和七彩的梦想。

青年时的他觉得自己就是一棵树，而且自己庞大的枝条，注定要伸向天空。

中年时的他觉得世界就是世界，树就是树。有落叶飘下只意味着又一年过去了。

老年时的他觉得世界就是一棵树，而自己仅是一片树叶。

是的，人的一生要经历单纯的童年、轻狂的少年、激情的青年、务实的中年和沉思的老年。就像树上的叶子一样，有嫩绿、有翠绿、有葱绿、有黄绿，也有金黄。所以，人活着不要刻意要求岁月给自己太多的恩赐，该绿时就绿，该黄时就黄吧。在生命的旅途上；求得随遇而安便是福了。

人在世间活着难免会有不如意的事情。常说不如意的事常有八九。我们一生很少有几次真正感到自己的生活一帆风顺，海阔天空。人生际遇不是个人力量所可左右，而在诡谲多变，不如意事常八九的环境中，唯一能使我们不觉其烦恼的办法，就是使自己"随遇而安"。

从前有一个国王，他为了体察民情，便和众多平民同乘一船外出。结果，在船上发生了一件令国王不知所措的事情：

一个奴隶从来没有见过海洋，更没有尝试过坐船的滋味。由于害怕，一路上他哭闹不止。国王被奴隶扰得心情烦乱，心中默想世上怎么会有如此胆小的人，假如有谁能让他安静下来，那真是功德无量啊！船上很多人都设法安慰他，用尽了各种方法，可仍然无济于事。

正在大家愁眉不展的时候，一位哲学家站出来锐："让我试一试吧，我有办法让他安静下来。"哲学家立刻叫人把那奴隶抛到海里去，他在海里挣扎了一会儿，正当他将要沉下去时，哲学家又命人把他从海里拉到船边。求生的欲望使那个奴隶双手紧紧地抱着船舵，哲学家见此状，才吩咐人们把他拖到船上。

哲学家的话应验了，他上船以后，始终坐在一个角落里，再没有发出任何声音。

国王被哲学家的举动弄糊涂了，便开口问道："你的这一举动意义何在啊？为什么他可以听你的话不再吵闹了呢？"

"那是因为他不曾尝试人生最大的痛苦，不懂得即将死亡是多么痛苦的事。于是，他便想不到坐在船上的可贵。"

事实上，现实生活中有许多人都在犯与那个奴隶同样的错，不懂得珍惜现在所拥有的美好生活，因此很难做到随遇而安。

有一次，林海从农村搭公家运东西的车子回城里，车到中途，忽然抛锚，那时正是夏天，午后的天气，闷热难当。在烈日炎炎的公路上无法前进，真是让人着急。可是，林海当时一看情形，就知道急也没有用处，反正得慢慢等车子修好才可以走。于是，他问了问司机，知道要三四个小时才可以修好，就独自步行到附近的一条河里游泳去了。河边清静凉爽，风景宜人，在河水中畅游之后，暑气全消。等他游泳兴尽回来，车子已修好待发，趁着黄昏晚风，直驶城里。之后，他逢人便说："真是一次最愉快的旅行！"随遇而安的妙处由此可见一斑。假如换了别人，在这种情形之下，可能只好站在烈日之下，一面抱怨，一面着急，而那辆车子既不会提早一分钟修好，那次旅行也一定是一次最痛苦、最烦恼的旅行。

环境和遭遇常有不尽如人意的时候，问题是我们每个人如何面对逆境和不顺，知道人力不能改变的时候，就不如面对现实，随遇而安。与其怨天尤人，徒增苦恼，还不如因势利导，迁就环境，在既有的条件中，尽自己的力量和智慧去发掘乐趣。

在突然遭遇危险时，随遇而安也能让人拥有一份平静的期待，这更胜过暴怒、绝望地呐喊。

一条船航行到大西洋的时候，突然遭遇飓风。风如利刃，把船体劈得伤痕累累。飓风过后，船的功能差不多已损毁，它只能如一艘小艇般在茫茫无际的海洋中游荡。

船上所有能吃的东西被吃光后，人们开始变得慌乱、焦躁了，他们愤怒，他们谩骂，他们哭喊，他们到处扔自己的东西，好像死亡即将来临一样。

这时，船长对他们说。他近日拥有了一项特异功能：可以半年不吃任何东西而活着，所以他希望船员和乘客们把东西和写下的遗嘱交给他，他会带给他们的亲人。

这样的话语，居然没有人怀疑，所有的人都把希望寄托在船长身上，而他们因为没有了后顾之忧，变得冷静下来了，彼此之间还偶尔开一两句玩笑。

几天后，这条遇难的船终于被另一条船发现，船上人员得救了，因为最终那份随遇而安的冷静，使他们避免了因疯狂而船毁人亡的可怕结局。

在生活当中，并不是每个人都有反抗命运的能力。如果无力反抗，那么，与其诅咒、抱怨，不如安然地接受命运的安排，快快乐乐地度过每一天，这种随遇而安的生活态度也是一种生活的智慧。

心理解脱

在任何情形之下，都不能对生活感到厌倦，因为这是最坏的事情。如果你为生活所迫，而做着一些乏味的事情时，你也应该从这乏味的事情中，找出乐趣来。要知道，凡是应当做而又必须做的事情，总要找出事情的乐趣。

4. 别为明天的盘子发愁

在现实生活里，常让人们深感不安的往往并不是眼前的事情，而是那些还没有发生甚至永远不会发生的事情。

不要总回顾过去。因为过去优美的诗句，也会失去新意；斑斓的图画，也会褪去色彩；爱，会在时光里流逝；恨，会在岁月中减淡；生活之树，会在晨暮交替中苍老；走过的足迹，会被历史的尘埃深埋。总是回顾过去，虽然也会找到闪光的记忆，但往往还会有一种惆怅和遗憾之感。

不必总是希望未来。因为未来的某些事情像海市蜃楼般缥缈，高天彩虹般遥远。未来的春，可以有鲜花飘香，也会有荆棘丛生；未来的夏，可以有绿树成荫，也可能有烈日暴晒；未来的秋，可以有金色的收获，也可能有荒芜的田园；未来的冬，可以有洁白的雪花，也可能有肆虐的寒风。

因而，不要一味回顾过去，也不要太希望未来，最重要的是紧紧把握住现在。因为拥有了现在，就拥有了真实。在真实中，该写的诗，让它充满浪漫；该画的画，让它大放异彩；该给予的爱，让它岩浆般炽热。该追求的，就要大胆追求，不留一丝遗憾；该奉献的，就应无私奉献；不留一点内疚。只有这样，才可能幸福地回忆今天，也才能将未来充实。

土灰色的沙鼠，生活在茫茫无际的撒哈拉沙漠中。每当旱季到来之时都要囤积大量的草根，以准备度过这个艰难的日子。但奇怪的是，当沙地上的草根足以使它们度过旱季时，沙鼠仍要拼命地寻找草根，运回洞穴，似乎只有这样它们才能心安理得，才会踏实。否则便焦躁不安，嗷嗷叫个不停。

动物学家研究证明，这一现象是由沙鼠的遗传基因决定的，是沙鼠出于一种本能的担心。担心使沙鼠干了大于实际需求几倍甚至几十倍的事。

191

沙鼠的劳动常常是多余的，毫无意义的。

曾有不少医学界的人士想用沙鼠来代替小白鼠做实验。因为沙鼠的个头很大，更能准确地反应出药物的特性。但所有的医生在实践中都觉得沙鼠并不好用。问题在于沙鼠一到笼子里就非常不适。尽管在笼子里的沙鼠的生活可以用"丰衣足食"来形容，但它们还是一个个地很快就死去了。医生发现，这些沙鼠是因为没有囤积到足够草根的缘故。确切地说，它们是因为极度焦虑而死亡的，这是来自一种自我心理的威胁。

你会为明天的盘子没有洗而发愁吗？事实上很多人都在做着这样的事情。在现实生活里，经常让人们深感不安的往往并不是眼前的事情，而是那些还没有发生甚至永远也不会发生的事情。人们总是为了将来的所需和将来会如何而发愁，这种担心令人深深地感到不安。忧虑解决不了问题，只会增加你的压力，使你整天忧心忡忡，无端猜忌。

古代杞国有一个人整天担心天会塌下来，就想着选择什么样的地方住最好，最后弄得寝食难安。一个博学的朋友去看望这个人后告诉他："天是由空气构成的，在我们生活的周围到处都是空气，我们的活动都是在空气中进行的，为什么你还要担心天会塌下来呢？"杞人听了这些话后才恍然大悟，原来自己是自寻烦恼啊，于是心情就开朗起来了。

世上本无事，庸人自扰之。卡耐基说过："其实99%的焦虑根本不会发生，是人自己造成了自己的焦虑。"我们的担忧和烦恼其实都和杞人担心天会塌下来一样，都是自寻烦恼，没有必要的。

一位青年四处寻找解脱烦恼的方法。

有一天，他来到一个山脚下。只见一片绿草丛中，一位牧童骑在牛背上，吹着悠扬的竹笛，好不快乐。

青年走上前去询问："你看起来很快活，能教给我解脱烦恼的方法吗？"

牧童说："骑在牛背上，笛子一吹，什么烦恼都没有了。"

青年试了试，不灵。于是，他又继续寻找。

青年人来到一条河边。看见一位老翁坐在柳荫下，手持一根钓竿，正在垂钓。他神情怡然，自得其乐，年轻人走上前去鞠了一个躬："请问老翁，您能赐我解脱烦恼的办法吗？"

老翁看了他一眼，和气地说："来吧，跟我一起钓鱼吧，保管你没有烦恼。"

那个青年试了试，还是不灵。

于是，他又继续寻找。不久，他来到一个山洞里，看见洞内有一个老人独坐在洞中，面带满足的微笑。

年轻人深深鞠了一个躬，向老人说明来意。

老者微笑着摸摸长髯，问道："这么说你是来寻求解脱的？"

年轻人说："对对对！恳请前辈不吝赐教。"

老人笑着问："有谁捆住你了吗？"

"……没有。"

"既然没有捆住你，又何谈解脱呢？"

在生活中，我们的烦恼都是自找的，我们是自己捆住了自己。

很多人在什么都没有发生时，就先这样假设：假如变成这样该怎么办？假如变成那样又会如何？这样做会不会变得更差呢？一个商人就是这样一个成天无故担忧、自寻烦恼的人。

一位商人因为经济不景气生意很清淡，商人为此终日郁郁寡欢、愁眉不展，每天晚上都睡不好觉。

细心的妻子对丈夫的郁闷看在眼里急在心上，她不忍丈夫就这样被烦恼折磨，就建议他去找心理医生看看，于是他前往医院去看心理医生。

医生见他双眼布满血丝，便问他："怎么了，是不是受失眠所苦？"

商人说："是呀，真叫人痛苦不堪。"

心理医生开导他说："别急，这不是什么大毛病！你回去后如果睡不着就数数绵羊吧！"

商人道谢后离去了。

一个星期之后，他又出现在心理医生的诊室里。他双眼又红又肿，精神更加颓丧了。

心理医生复诊时非常吃惊地说："你是照我的话去做的吗？"

商人委屈地回答说："当然是呀！还数到三万多头呢！"

心理医生又问："数了这么多，难道还没有一点睡意？"

商人答："本来是困极了，但一想到三万多头绵羊有多少毛呀，不剪岂不可惜?"

　　心理医生于是说:"那剪完不就可以睡了?"

　　商人叹了口气说:"但头疼的问题又来了,这三万多头羊的羊毛所制成的毛衣,现在要去哪儿找买主呀?一想到这,我就睡不着了!"

　　这个商人与前面那位年轻人一样,被自找的烦恼捆住了手脚。

心理解脱

　　如果你也是一个自寻烦恼、杞人忧天的人,就表示你的自控能力很差,不懂得运用内在的特质化解内在的烦恼。不妨从改变自己的内心做起,也就是说内心一直都保持着愉快、积极的状态。不要再患得患失,要快快乐乐地生活着。

5.有些事强求不得

　　　顺其自然是最好的活法，不抱怨，不叹息，不堕落，胜不
骄，败不馁，只管走属于自己的路。顺其自然不是不作为，而是
有所为，有所不为。

　　有这样一则小故事：

　　禅院的草地上一片枯黄，小和尚看在眼里，对师父说："师父，快撒点草籽吧！这草地太难看了。"

　　师父说："不着急，什么时候有空了，我去买一些草籽。什么时候都能撒，急什么呢？随时！"

　　中秋的时候，师父把草籽买回来，交给小和尚，对他说："去吧，把草籽撒在地上。"

　　小和尚高兴地说："草籽撒上了，地上就能长出绿油油的青草！"

　　起风了，小和尚一边撒，草籽一边飘。

　　"不好，许多草籽都被吹走了！"小和尚喊道。

　　师父说："没关系，吹走的多半是空的，撒下去也发不了芽。担心什么呢？随性！"

　　草籽撒上了，许多麻雀飞来，在地上专挑饱满的草籽吃。小和尚看见了，惊慌地说：

　　"不好，草籽都被小鸟吃了！这下完了，明年这片地就没有小草了！"

　　师父说："没关系！草籽多，小鸟是吃不完的！你就放心吧！明年这里一定会有小草的。随意！"

　　夜里下了大雨，小和尚一直不能入睡，他心里暗暗担心草籽被冲走。第二天早上，他早早跑出了禅房，果然地上的草籽都不见了。于是他马上

跑进师父的禅房说："师父，昨夜一场大雨把地上的草籽都冲走了，怎么办呀？"

师父不慌不忙地说："不用着急，草籽被冲到哪里，它就在哪里发芽！随缘！"

不久，许多青翠的草苗果然破土而出，原来没有撒到的一些角落里居然也长出了许多青翠的小苗。

小和尚高兴地对师父说："师父，太好了，我种的草长出来了！"

师父点点头说："随喜！"

因此，顺其自然，不必刻意强求，只要付出了就一定能够得到回报！

《淮南子》中曾有这样一个故事：有一位住在长城边的老翁养了一群马，其中有一匹马忽然不见了，人们都非常伤心，都赶来安慰他，而他却无一点悲伤的情绪，反而对家人及邻居们说："你们怎么知道这不是件好事呢？"众人惊愕之中都认为是老人因失马而伤心过度，在说胡话，便一笑了之。

可隔不久，当大家都把这件事渐渐淡忘的时候，老翁家丢失的那匹马竟然又回来了，而且还带来了一匹漂亮的马，人们喜不自禁，惊奇之余亦很羡慕，都纷纷前来道贺，而老翁却无半点高兴之意，反而忧心忡忡地对众人说："唉，谁知道这会不会是件坏事呢？"大家听了都笑了起来，都以为是把老头给乐疯了。

果然不出老头所料，事过不久，老翁的儿子便在骑那匹马时摔断了腿。人们都挺难过，前来看望，唯有老翁显得不以为然，而且还似乎有点得意之色，众人很是不解，问他何故，老翁却笑着答道："这又怎么知道不是件好事呢？"众人不知所云。

事过不久，战争爆发，所有的青壮年都被强行征集入伍，而战争相当残酷，前去当兵的乡亲，十有八九都在战争中送了命，而老翁的儿子却因为腿跛而未被征招，他也因此幸免于难，故而能与家人相依为命，平安地生活在一起。

这个故事便是"塞翁失马，焉知非福"的出处。老翁高明之处便在于明白"祸兮福所倚，福兮祸所伏"的道理，能够做到任何事情都能想得开，看得透，顺其自然。顺其自然是一种处世哲学，而且是一种很好的、很受用的处世哲学。

中国有句俗话叫做"谋事在人，成事在天"，而这种"成事在天"便是一种顺其自然。只要自己努力了，问心无愧便知足了，不奢望太多，也不失望。顺其自然不是随波逐流，放任自流，而是应该坚持正常的学习和生活，做自己应该做的事情，弄明白自己的人生方向后踏实地顺着这条路走下去。有人曾经问游泳教练："在大江大河中遇到旋涡怎么办？"教练答道："不要害怕。只要沉住气，顺着旋涡的自转方向奋力游出便可转危为安。"顺其自然也是如此，它不是"逆流而动"，也不是"无所作为"。而是按正确的方向去奋斗。

顺其自然不是宿命论，而是在遵守自然规律的前提下积极探索；顺其自然不是不作为，而是有所为，有所不为。

心理解脱

人生如同一艘在大海中航行的帆船，偶遇风暴是无法改变的事实，只有顺其自然，学会适应，才能战胜困难。现实生活中我们应该学会顺其自然，学会到什么山唱什么歌。

十二、做自己的心理医生

　　我们的人生，也许难免会有不少压力和不幸。但仔细想想，却也绝非全然，只要我们有心，就会拥有欢喜的天空。生命中或许不免悲苦，但苦中也有乐。古语说得好："春有百花秋有月，夏有凉风冬有雪；若无闲事挂心头，便是人间好时节。"我们面对这无常的人生与多变的生活，更应该以这样的心态对待。好心态要靠自己去调整，学会给自己的心理减压，放松自己，做自己最好的心理医生。

1. 把"我不可能"埋葬

生活中，悲观的人常被"我不能"左右着，沉浸在"我不可能"的困境里，因此就越来越不相信自己的能力。然而，很多事情，并不是你不能，而是你的悲观限制了你的能力。

他天生严重残疾，又患癌症，但他挑战死亡；他从小受尽歧视和折磨，依然笑对人生；他只能依靠双手行走，却成为运动健将；他只能算半个人，却是世界上最著名的激励大师。在一百九十多个国家，他用自己的亲身经历，激励过两百多万人。他的名字叫约翰·库缇斯。

有人说，上帝创造他的时候，一定用了另外一副模子。他的一生都在与恐惧、孤独、侮辱、折磨、病痛甚至死神抗争，而他都是最后的获胜者。回想往事，他说："这个世界充满了伤痛和苦难，有的人在烦恼，有的人在哭泣。面对命运，人应该拥抱痛苦，笑对人生，而不只是与之苦斗。任何苦难都必须勇敢面对，如果赢了，则赢了，如果输了，就是输了。一切都有可能，永远都不要说不可能。"

同样，汤姆·邓普西生下来时只有半只左脚和一只畸形的右手，父母从不让他因为自己的残疾而感到不安。结果，他能做到任何健全男孩所能做的事：如果童子军团行军 10 里，汤姆也同样可以走完 10 里。

后来他学踢橄榄球，他发现，自己能把球踢得比在一起玩的男孩子都远。他请人为他专门设计了一只鞋子，参加了踢球测验，并且得到了冲锋队的一份合约。但是教练却尽量婉转地告诉他，说他"不具备做职业橄榄球员的条件"，促请他去试试其他的事业。

最后他申请加入新奥尔良圣徒球队，并且请求教练给他一次机会。教练虽然心存怀疑，但是看到这个男孩这么自信，对他有了好感，因此就收了他。

两个星期之后，教练对他的好感加深了，因为他在一次友谊赛中踢出了55码远并且为本队挣得了分。这使他获得了专为圣徒队踢球的工作，而且在那一季中为他的球队挣得了99分。

他一生中最伟大的时刻到来了。那天，球场上坐了66000名球迷。球是在28码线上，比赛只剩下了几秒钟。这时球队把球推进到45码线上。"邓普西，进场踢球。"教练大声说。当汤姆进场时，他知道他的队距离得分线有55码远，那是由巴第摩尔雄马队毕特·瑞奇踢出来的。球传接得很好，邓普西一脚全力踢在球身上，球笔直地前进。但是踢得够远吗？66000名球迷屏住气观看，球在球门横杆之上几英寸的地方越过，接着终端得分线上的裁判举起了双手，表示得了3分，圣徒队以19比17获胜。

在场的球迷们狂呼乱叫，为他踢得最远的一球而兴奋，因为这是只有半只脚和一只畸形的手的球员踢出来的！"真令人难以相信！"有人感叹到，但是邓普西只是微笑。他想起他的父母，他们一直告诉他的是他能做什么，而不是他不能做什么。他之所以创造出这么了不起的纪录，正如他自己说的："他们从来没有告诉我，我有什么不能做的。"

苏珊是密歇根州一个小镇上的小学老师。那天，她给学生们上了一节别开生面的一课。她首先让学生们在纸上写出自己不能做到的事。所有的学生开始写他们认为自己做不到的事，汤姆在纸上写道："我无法把球踢过第二道底线"、"我不会做三位数以上的除法"、"我无法让艾斯喜欢我"，等等。

每个学生都低着头全神贯注地写着，苏珊老师也忙着在纸上写着她不能做到的事情，她写道："我不知道如何才能让史纳菲的父亲来参加家长会"、"除了体罚之外，我不能耐心劝说鲍利斯"，等等。

大约过了10分钟，大部分学生都已经写满了一整张纸，有的已经开始写第二页了。

"好了，同学们，请把你们写好的纸对折好，投进这个空的盒子里。"苏珊老师指着旁边的一个盒子说，然后，她先把自己手中的纸投了进去。

等所有学生的纸都投完以后，苏珊老师把盒子盖上，领着学生走出教室。她让一位同学去杂物室找了一把铁锹，然后，她带领大家来到运动场最边远的角落里，开始挖起坑来。不一会儿，一个三尺深的坑就挖好了。

苏珊老师把盒子放进坑里，然后又用泥土把盒子完全覆盖上。

这时，苏珊老师对同学们严肃地说："孩子们，现在请你们手拉着手，低下头，我们准备默哀。"

学生们很快地互相拉着手，在"墓地"周围围成了一个圆圈，然后都低下头来静静地等待着。

"朋友们，今天我很荣幸能够邀请到你们前来参加'我不能'先生的葬礼。"苏珊老师庄重地念着悼词，'我不能'先生在世的时候，曾经与我们的生命朝夕相处，您影响着、改变着我们每一个人的生活，有时甚至比任何人对我们的影响都要深刻得多。您的名字几乎每天都要出现在各种场合，比如学校、市政府、议会，甚至是白宫。当然，这对于我们来说是非常不幸的。

"现在，我们已经把'我不能'先生您安葬在了这里，并且为您立下了墓碑，刻上了墓志铭。希望您能够安息。同时，我们更希望您的兄弟姊妹'我可以'、'我愿意'，还有'我立刻就去做'等能够继承您的事业。虽然他们不如您的名气大，没有您的影响力强，但是他们会对我们每一个人、对全世界产生更加积极的影响。

"但愿'我不能'先生安息吧，也祝愿我们每一个人都能够振奋精神，勇往直前！"

苏珊老师带领同学们为"我不能"举行了一个有意思的葬礼，其实，这个葬礼对每个人来说都是应该举行的。拿破仑·希尔就曾把"不可能"这三个字"埋葬了"，年轻的时候，他抱着要做一名作家的雄心。他知道，要达到这个目的，自己必须精于遣词造句，文字将是他的工具。但是由于他小的时候家里很穷，接受的教育并不完整，因此"善意的朋友"就告诉他，说他的雄心是"不可能"实现的。

年轻的米菲存钱买了一本最好的、最完全的、最漂亮的字典，他所需要的字都在这本字典里面，而他的想法是要完全了解和掌握这些字。但是他做了一件奇特的事，他找到"不可能"这个字，用小剪刀把它剪下来，然后丢掉。于是他有了一本没有"不可能"的字典。

以后，他把自己的整个事业建立在这个前提上，那就是对一个要成长，而且要成长得超过别人的人来说，没有任何事情是不可能的。

当然，我们并不建议你从你的字典中把"不可能"这三个字剪掉而是建议你要从你的心智中把这个观念埋葬掉。很多时候，我们总是认为自己无法胜任一件事，而事实上是我们对自己没有足够的信心。

心理解脱

千万不要消极地认定什么事情是自己不可能做到的，很多事情不是不可能，而是看你有多大的决心和信心去尝试。对于我们来说，那种"我不可能"的观念才是我们最大的敌人，只有把它埋葬掉，我们才能获得成功的机会。

2. 学会给自己减轻压力

> 如果时常背着很多压力，得不到有效放松宣泄，即使压力大小不变，担子也会变得越来越重，最后重到负担不起。

现在人们常挂在嘴边说得最多的两个词是什么？忙和累！现代人的生活紧张忙碌，身心疲惫，还承受着巨大的工作压力：生存、升职、裁员、加薪、供房、充电、子女……就连休息的时候都想着一堆事情。一句话，现在的人压力太大，活得太累了。如果压力不能得到及时的宣泄和放松，那么只会越来越重，让你不堪重负，从而严重影响你的生活和工作。

在一堂有关处理压力的课上，讲师对学生做了一个示范，提出了一个问题。他举起手中的玻璃杯，问台下的听众："你们估计一下玻璃杯内的水有多重？"学生议论纷纷，答案不一，范围由 50 克到 500 克不等。讲师说："那些水的实际重量并不重要，重要的是你拿着水杯的时间。如果拿着一分钟，没问题，一点感觉也没有。如果拿着一小时，手臂会疼痛。如果拿着一整天，可能就要去医院了。就算是重量相同，拿在手中的时间越长，就会觉得越来越重。"

人的压力就像玻璃杯里的水。如果时常背着很多压力，得不到有效地放松宣泄，即使压力大小不变，担子也会变得越来越重，最后重到负担不起。因此，要减压就应放下担子休息一下，给自己放松放松，然后再继续努力。

长期处于压力紧张状态，会使脑细胞加速老化，影响学习记忆力，使你变得更迟钝；也会使皮肤与机体加速老化，比一般人走向衰老的步伐要快。或许你不同意，不过仔细想想，你会发现，人在紧张状态下，对事物的感觉大部分是既麻木又无聊的。

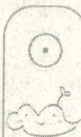

在美国加州大学曾经做过一次调查，结果显示，超过 50% 的女性和 43% 的男性表示：愿意牺牲一天的薪水，来多换取一天的假期，他们一直希望"多一点个人休闲时间，过更均衡的生活"。

试想，带着沉重的压力去行动，怎么能成功？所以我们必须学会给自己减压，轻装上阵。正所谓"兵来将挡，水来土掩"。

很多人会为自己制定不合理的、近乎完美的目标，这样做的结果是无谓地给自己造成压力。事实上，每个人都不是完美的，不管个人多么努力，还是会有不足、失败。所以为自己制定的目标一定要切实可行。研究证明，经常锻炼身体可以减轻压力。你可以跑到楼顶大声呼喊，把心中的不满和郁闷化作声音全部发泄出来。或者做体育运动，让自己大汗淋漓，然后洗个澡睡一觉。值得注意的是，应该选择那些你认为比较有趣的活动，那些你觉得很枯燥的锻炼往往起不到减压的效果。

要明确分清楚工作和私人生活的界限。工作的时候认真工作，该休息的时候就好好休息，不管自己有多忙，该玩就玩，休息的时候就别老想着工作的事情。

找一个你信任的人，如朋友、亲人、要好的同事，或者心理医生，向对方讲讲自己的心里话。把"闷"在心里的话说给一个乐于倾听你的人听，是一种非常管用的减压方式。

凡事多往好处想。当你心情不好时，想想同事曾经对你的赞美，想想老板曾经给你的关爱，你的心情一定会平和很多。

让自己每天的工作有条不紊，井然有序。有秩序的生活会使你每天头脑清醒，心情舒畅。每天上班前先调整状态，然后把自己一天要做的事情按重要性先后列出来。

培养一点爱好，给自己找乐趣，做自己喜欢做的事情。最好能够每天给自己一点时间做自己喜欢的事情，或者回忆一些开心的往事，读一些有趣的书籍。

对自己好点，要善待自己；多点忍耐，宽容别人。很多压力其实是来自于别人，不能容忍别人，很容易导致挫折感和怒火，平添烦恼。正确的做法是，努力去理解别人那样想、那样做的道理。这种思考问题的方式可以帮助你逐渐去接受别人。当然，在理解别人的时候，同样也要接受和宽容自己。

在我们的工作和生活中，压力总是难免的，常言说："没有压力就没有动力。"但压力积压过多时，不但失去了动力，还会让自己停滞前进，陷入失落园。因此，要学会释放心头的压力，轻轻松松地投入到工作中去。

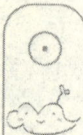

3. 都是懦弱惹的祸

懦弱者常常害怕机遇，因为他们不习惯迎接挑战。他们从机
遇中看到的是忧患，而在真正的忧患中，他们又看不到机遇。

人生在世，最可怕的就是胆小畏缩地过一辈子，可人往往有时却生性
懦弱，毫无冒险之心，这无疑是不能成功的一大原因。

懦弱导致恐惧，恐惧加强懦弱。它们都束缚了人的心灵和手脚。懦弱
者常常会品尝到悲剧的滋味。中国历史上南唐后主李煜性格懦弱，终于没
能逃脱沦为亡国之君、饮鸩而死的悲惨命运。

当初，宋太祖赵匡胤肆无忌惮、得寸进尺地威胁欺压南唐。镇海节度
使林仁肇有勇有谋，听闻宋太祖在荆南制造了几千艘战舰，便向李后主奏
禀，宋太祖是在图谋江南。南唐爱国人士获知此事后，也纷纷向李后主奏
请，要求前往荆南秘密焚毁战舰，破坏宋朝南犯的计划。可李后主却胆小
怕事，不敢准奏，以致失去了防御宋朝南侵的良机。

南唐国灭亡后，李后主沦为阶下囚，其妻小周后常常被召进宋宫，侍
奉宋皇，一去就得好多天才能放出来，至于她进宫到底做些什么，作为丈
夫的李后主一直不敢过问。只是小周后每次从宫里回来就把门关得紧紧
的，一个人躲在屋里悲悲切切地抽泣。对于这一切，李煜忍气吞声，把哀
愁、痛苦、耻辱往肚里咽，忍无可忍时，就写些诗词，聊以抒怀。李煜虽
然在诗词上极有造诣，然而作为一个国君、一个丈夫，他是一个懦夫，是
一个失败者。

美国最伟大的推销员弗兰克曾经说过："如果你是懦夫，那你就是自
己最大的敌人；如果你是勇士，那你就是自己最好的朋友。"对于胆怯而
又犹疑不决的人来说，一切都是不可能的。事实上，总是担惊受怕的人，

就不是一个自由的人，他总是被各种各样的恐惧、忧虑包围着，看不到前面的路，更看不到前方的风景。正如法国著名的文学家蒙田所说："谁害怕受苦，谁就已经因为害怕而在受苦了。"懦夫怕死，但其实，他早已经不再活着了。敢为别人所不敢为，你就有可能成为强者，成为幸运儿。

大家都知道动物在面临危险时，会充满斗性。狮子为了保护自己的孩子，可以奋勇地扑杀猎人，而不是像平时那样逃命。正是这种扑杀，能够为它带来生的希望。现实世界也是这样，很多斗争都是勇气的较量，两军交锋，勇者得胜。当一个人充满勇气时，就会焕发出平时双倍的力量，爆发出巨大的潜力。

有一位性格古怪的经理，他给自己的下属定了一条规矩：不准走入公司的某一个房间，否则开除。其他员工都照他说的做了，只有一个人好奇地走了进去，发现房间里只有一张桌子，桌子上只有一封信，信上写着：给经理。这名员工把信给了经理，经理笑着说："从现在起，你就是我的助理了。"这位员工很疑惑，经理解释说："我已经等了两年了，只有你有勇气走进去，把信拿过来。"这个故事里，勇气也给人带来了意外的机会。

所以我们在面对人生中的各种挑战时，也许失败的原因不是因为势单力薄，不是因为智能低下，也不是没有把整个局势分析透彻，而是把困难看得太清楚、分析得太透彻、考虑得太详尽，才会被困难吓倒，举步维艰。倒是那些没把困难完全看清楚的人，更能够勇往直前。

美国石油大王洛克菲勒曾说过："即使拿走我现在的一切，只留下我的信念，我依然能在十年之内又夺回它们。"虽然这只是一个假设，但我们可以看到信念对于一个人的重要。

坚定的信念让人产生十足的动力，因此，它对于人生的影响举足轻重。它隐藏在我们身体的内部，只要善于运用，它就是一股取之不尽的力量源泉。

懦弱者不善冲突，因而他们也害怕刀剑，进攻与防卫的武器在他们的手里捍卫不了自身。他们当不了凶猛的虎狼，只愿做柔顺的羔羊，而且往往是任人宰割的羔羊。

懦弱总是会遭到嘲笑，而遭到嘲笑，懦弱者会变得更加懦弱。懦弱者经常自怜自卑，他们心中没有生活的高贵之处。宏图大志是他们眼中的浮云，可望而不可即。

世界的改变、生意的成功，常常属于那些敢于抓住时机、适度冒险的人。有些人很聪明，对不测因素和风险看得太清楚了，不敢冒一点险，结果聪明反被聪明误，永远只能"糊口"而已。实际上，如果能从风险的转化和准备上进行谋划，风险就不再可怕，相反，适度的冒险也许能为你带来财富和幸运。

心理解脱

一个人如果缺乏勇气，就会陷入不安、胆怯、忧虑、忌妒、愤怒的旋涡中。要消除这些不良心态，只有一种解药，那就是勇敢的精神。勇气是世界上无所不能的武器，有了它，自信也随之而来。

4. 学会如何与自己相处

学会好好与自己相处，就不要常常批判自己，跟自己过不去，喜欢自己才能快乐自己。

跟自己的心灵相处和对话是很容易培养的，因为人的心灵是很单纯的，唯一的要求是要相信你自己，肯定你自己，相信你自己是个好人，勤奋、努力、认真、节俭，肯定自己的大方、仁慈、善良……但是，要相信自己的最大困难，就是人永远与别人比较。如，我不够好，因为别人比我更好；我不够仁慈，因为有人比我更仁慈；我不够漂亮，因为……

活着，是一种责任，最重要的是要有爱，爱自己，爱他人，这才是生命的意义。学会爱自己的第一步，是不再用别人的标准来评判自己，而必须建立起自己的一套价值标准。然后把它作为生活的依据。我们还必须学习如何与自己相处，不要常常批判自己。

学会跳出"与别人比较"的模式，而成为与"自己比较"的独立的自我。做到这点很不容易，因为我们从小到大所受的教育与社会影响多半是与别人比较，我们已经养成了习惯，但习惯是可以改变的，凡事开头难嘛。最好找一个好朋友一起做，彼此鼓励，彼此切磋与支持。

学会写下你所有的优点。有的人在写自己的优点时觉得很困难，但要他们写缺点时，却又快又多，所以请大家花一点时间想想自己的优点，若想不出来，就问朋友或家人，有时候反而是别人知道我们的优点比我们自己知道得多。

学会每天早上、中午及晚上念自己的优点三遍，刚开始可能觉得不自然，甚至有些虚假，有了这种感受而仍然去做，在做了一段时间之后，你会发现优点增加了，那就加上吧。越多越好。

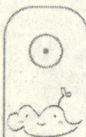

　　学会天天记下自己所做的事，在好事、好的表现，如"努力"、"认真"、"勤劳"等上面打一个记号，在需要改进的事及欠缺的方面，如"骄傲"、"懒惰"等上面打一个记号。在晚上作一个总记录，做完记录之后，好好地欣赏与肯定自己所做的好事；对需要改进的事则告诉自己说：今天我有些自私，明天我会改进，做得更好些。要谢谢今天所发生的一切人、事、物，感谢它们使你有学习、改进和成长的机会。

　　学会用幽默的态度"嘲笑"自己做得不够好的地方，而不要严肃地责怪自己：你看，你又犯了这毛病，怎么搞的，你怎么这么笨，老是学不会，难怪别人都不喜欢你？而转换成：哈！哈！哈！你看你，又犯错了！我是很努力了，但下次要更小心点，更努力点，哈！哈！哈！另外，还要学习多欣赏别人的优点，包容别人的缺点。

　　关爱和接纳对每一个正常人来说，是很健康的表现。为了从事工作或达到某种目标，适度关心自己是绝对必要的。因此，要想活得健康、成熟，就要"喜欢自己"，跟自己好好相处，做好自己的心灵医生。喜欢自己的第一步就是不再以别人的标准来判断自己，而是建立起自己的价值观，然后付诸生活。同时必须学会接纳，减少不必要的自我责备。有了自我接受，你会用一种欣赏的眼光去审视你自己。就会发现自己身上有许多可爱和闪光的地方。你接纳了自己，就快乐了自己。

心理解脱

　　爱自己就不要苛求自己，再完美的人也会和一般人一样犯错误，我们何必要因此而痛恨自己，不爱自己呢？有时候，我们要练习自我放松，取笑自己的某些错误，要学习喜欢自己。因为只有喜欢自己的人，才会让别人喜欢。

5. 学会寻找心灵寄托

心灵寄托是一股强大的精神力量，当你处于绝望崩溃的边缘时，它会给你带来光明和希望。

心灵上的寄托，完全是属于你私人灵魂深处的东西。它不一定有很大的意义，不一定有什么积极的目的，它只是你精神上的一片私人的园地，是你灵魂的一个小小的避风港，是你躲避世俗牵绊的堡垒，是你可以在那里找到自己，和自己心灵恳谈的一个秘密的花园。

当一个人处于绝望崩溃的边缘时，如果他即时获得一种精神寄托，那么，死神是无法靠近他的。

有这样一个故事：

这是一座潮湿阴冷有着又高又厚的石墙的伦敦塔，1573 年，维斯利伯爵由于得罪了女王被投入伦敦塔。进入塔中，伯爵彻底绝望了，看来是没法活着出去了。

维斯利伯爵的囚室里只有一扇小窗户。这一天，他像往常一样待坐在小窗下，木然地望着窗外的一小片蓝天，哀叹自己悲惨的命运，陷入委靡不振的情绪之中。突然，有个毛茸茸的东西跳到窗台上，他仔细一看，居然是他的小猫花儿！他心想莫非这么快我就已经精神错乱了吗？可小猫那喵喵的叫声又是那么真切，他便伸出手，轻声地叫着：花儿！小猫闻声从铁窗缝里挤进来，一下子跳到他的怀里！维斯利伯爵这才相信他不是在做梦，他紧紧地抱住花儿，忍不住号啕大哭！原来，自从他被抓走以后，花儿也离开了家。想不到它千辛万苦找到了主人！

看守知道了花儿的故事也惊诧不已，他破例允许维斯利伯爵的小猫留下来，而且也没有向皇室报告。从此，维斯利伯爵孤独的铁窗生涯里有了一个伴侣。送来了饭，他总是让花儿先吃，他从心里感激这个自愿跑来陪他坐牢的忠实伙伴。他俩就这样相伴着度过了一个个的春夏秋冬，直到花儿老死在监狱里。花儿死后，维斯利伯爵又剩下了一个人，他也没有变得沮丧，他下决心要活着出去，不然就对不起花儿。

直到 1624 年，当政的詹姆斯国王终于把维斯利伯爵放了出来，使他在被捕后的 51 年走出了伦敦塔。出狱后，他做的第一件事便是找人画了一幅花儿的肖像，挂在房间的正中央。

人是需要心灵寄托的，这是一股强大的精神力量。精神支柱是一个人活下去的支撑。当你处于不幸的边缘时，勇敢地寻找心灵寄托吧，让它来拯救你的生命。

会处理生活的人，一定懂得怎样给自己安排一片不受干扰的属于自己的小天地。在这里，你可以想你所要想的、做你所要做的，躲开一切你所要躲开的，逃避一切你所要逃避的。这片小天地就是你寄托灵魂或真正自己的地方。

给自己的灵魂找一个寄托，并不是消极地逃避，而是一种积极的养精蓄锐。正如有位名人说的："我休息是为了工作。"我们也是一样，让灵魂去休息一下，养一养它在尘间奔波所受的伤，然后好再去奔波。

人生就是一连串不停的奔波！我们几乎很难找到一个人，能够成天只做他自己喜欢的事，过他自己所愿意过的生活。

每个人都必须被动地做些他并不想做的事，表演他并不喜欢表演的角色，过一种他所不愿过的生活。所以，我们发现，有些人一有时间就吸烟，有些人一有时间就看小说，有些人一有时间就写文章。这些一有时间就想做的事，才真正是他所喜欢做的事。但是，因为他必须应付许许多多生活中的琐事，他没有充分的时间和自由去做他所喜欢做的。因此，这些小小的嗜好，就成为他生活中的一点寄托。他从这里面找到他自己，得到生活的真味，暂时忘掉了世界的烦嚣。

假如你懂得生活，同时你也懂得自己，那么，你一定会在生活中找到那么一点使你安心，使你忘忧，使你沉醉的所谓的寄托。

其实寄托有时很容易找到。一本书、一张唱片、一支笔、几张纸，或集邮、或摄影、或游山玩水，只看你兴趣接近于哪方面，只看你是否诚心去找。

　　绝望或繁忙的生活使我们忽略了许多美好的、值得欣赏的东西，只有当你找到寄托你心灵的处所之后，你才能有余情去欣赏这世界可爱的一面，才有机会去享受真正属于你自己的人生。

十三、每天快乐一点点

　　快乐不是风雨，快乐不是音乐，快乐是生活中的愉悦，是甜蜜幸福的心情！一个人整天快乐不容易，但每天快乐一点点并不难。只要善于创造，一个不经意的关心，一个不经意的欣赏，一个不经意的感激，都会让生活的长河激起快乐的涟漪，使许多烦恼和忧伤随之烟消云散。快乐不在未来而在现在，从现在开始每天快乐一点点，你的生活将变得阳光灿烂，充满勃勃生机。

1. 每天给自己一个希望

> 只要每天给自己一个希望，我们的人生就会变得生机勃勃，多姿多彩。

在这个世界上，有许多事情是我们难以预料的。我们不能控制际遇，却可以掌握自己；我们无法预知未来，却可以把握现在；我们不知道自己的生命到底有多长，我们却可以安排当下的生活；我们左右不了变化无常的天气，却可以调整自己的心情。我们只要活着，就有希望。

有位医术高明，享誉医学界的医生，事业蒸蒸日上。不但医术高明，做人的境界也很高，但有一天，不幸却降临在他的身上，他被诊断患有癌症。这对他不啻当头一棒。他一度情绪低落，但最终还是接受了这个事实，而且他的心态也为之一变，变得更宽容、更谦和、更懂得珍惜所拥有的一切。他一边勤劳工作，一边与病魔搏斗。就这样，他平安度过了好几个年头。有人很惊讶，就问是什么神奇的力量在支撑着他。这位医生笑盈盈地答道：是希望。几乎每天早晨，我都给自己一个希望，希望我能多救治一个病人，希望我的笑容能温暖每个人，希望自己早日战胜病魔。

每天给自己一个希望，就是给自己一个目标，给自己一点信心。希望是引爆生命潜能的导火索，是激发生命激情的催化剂。每天给自己一个希望，我们将活得生机勃勃，激昂澎湃，哪里还有时间去叹息、去悲哀，将生命浪费在一些无聊的小事上？

一个人不管人生境遇如何坎坷艰辛，只要每天心中的那团希望之火不熄灭，这样就能好好地活下去。

有这样一位女子，在她23岁那年，丈夫外出做生意一直没回来，她等呀等，盼呀盼，带着只有3岁的儿子艰难度日。

几年过去了，好心的邻居都劝她别等了，孩子他爹是回不来了，趁早改嫁吧，她想，说不定丈夫哪天做生意发了就回来了。她精心照料儿子，耐心等着丈夫。儿子18岁那年，说去外面找爹。儿子也走了。

谁知儿子走后又是音信全无。有人告诉她说她儿子在一次战役中战死了，她不信，一个大活人怎么能说死就死呢？她甚至想，儿子不仅没有死，而是做了军官了，等打完仗，天下太平了，就会衣锦还乡。她还想，也许儿子已经娶了媳妇，给她生了孙子，回来的时候是一家子人了。

儿子依然没有消息，但这个希望给了她无穷的力量。她是一个小脚女人，不能下田种地，她就做针头线脑的小生意，勤奋地奔走四乡，积累钱财。她告诉人们，她要挣些钱把房子翻盖了，等丈夫和儿子回来的时候住。

更令人想不到的是：有一年得了大病，医生已经判了她死刑，但她最后竟奇迹般地活了过来，她说，她不能死，她死了，儿子回来到哪儿找家呢？

这位老人一直在村里健康地生活着，今年已经满百岁了。直到现在，她还是做着她的小生意，她天天算着，她的儿子生了孙子，她的孙子也该生孩子了。这样想着的时候，她那布满皱褶沧桑的脸上，立刻荡漾着春天般的笑容。这位老人之所以能够坚强地活下来，就是因为在他的心中每天都有一丝的希望，是希望给了她生活的信心和力量。

希望能让漆黑的夜晚出现指路明灯，希望能让狂风暴雨出现绚丽的彩虹。每天给自己一个希望，生命才会变得更加多彩。

心理解脱

在我们生命的旅途中，一定会遇到各种挫折和困难。只要我们不放弃希望，心中每天有一个坚定的信念，努力地去寻找，一定会渡过难关，到达理想的彼岸。

2.选择自己的幸福

自由的大门被关闭了，那就为自己打开一扇快乐的窗，只要
选择自己的幸福，阳光和快乐照样能够照进心房。

生活中的不幸和灾难不可预料和阻挡，当它们真的降临的时候，关键
是要平静而理智地对待。伤心和悲伤只能使自己越来越悲观，越来越失去
生活的信心。不如换一种心态去寻找另一种属于自己的快乐和幸福。

有一座古城，它坐落在一个火山的脚下，火山喷发的时候整座城市就
笼罩在浓烟和尘雾里，到处都是一片黑暗。

有一个小姑娘叫阿雅是一个孤儿，更不幸的是双目失明。

在孤儿院里阿雅慢慢长大，她学会了和正常人一样生活，很多事情她
都做得很好，看起来和正常人没有区别。

长大以后，阿雅不愿意寄居在孤儿院里，她决定自食其力。于是阿雅
就开始卖花，她看不见但是能嗅得到，依靠嗅觉她很轻松地辨别出了百
合、郁金香、玫瑰、康乃馨等各种各样的花，没事的时候她就一个人在小
城里漫步。逐渐地她熟悉了整座城市，甚至只要告诉她所在的位置，这位
看不见的女孩就能很轻松地指出，去小城里任何地方最便捷的路线，这是
经过怎样的努力换来的"奇迹"啊！

在一个茫茫的黑夜里，火山快要爆发了，小城被笼罩在烟雾中，到处
都是黑糊糊的一片，再亮的灯也只能照亮几米的范围。人们失去了平时的
敏锐，乱成一团，如果不能尽快转移到安全的地方，整座小城里的人都要
遭遇横祸。危急时刻，有人想起了阿雅。

阿雅果然不负重望，依靠她的指点，人们顺利地转移到了安全的地
方，阿雅成了人们心目中的英雄。

在赞誉铺天盖地地涌向阿雅的时候，她依然很平静。面对夸耀，她只是淡淡地说："能够帮助大家是我的快乐，在我成长的这些年里，孤儿院的工作人员和伙伴们给了我不尽的帮助，还有小城里的所有人，是你们在我迷路的时候指给了我正确的方向，今天我只不过是跟你们学习而已。"

听了这样的回答，人们对于阿雅的失明莫不感到非常惋惜，但是阿雅并不在意，她依然很平静地说："我从来都没感觉到我是一个残疾人，上天确实关闭了我了解世界的大门，但是同样她也给我开启了一扇窗，通过这扇窗户，我不仅可以了解外面的世界，接受阳光的照耀，雨露的滋润，还能找到人生的快乐和幸福。"

人要选择自己的幸福。事实确实如此，亚伯拉罕·林肯说："我一直认为：如果一个人决心想获得某种幸福，那么他就能得到这种幸福。"

在美国南部的一座小城市里，搬来了一对年轻夫妇。她们的隔壁住了一对老年夫妻。他们前去拜访后，发现老太太的双眼几乎看不见，而且四肢瘫痪需要坐着轮椅，行动相当不便。只有老先生一个人照顾她，但是老先生自己的身体也不太好，他们夫妇两人就这么相依为命生活了好多年。

一年一度的圣诞节快要到了，这对年轻夫妇想要为老夫妇做些什么，经过一番讨论后，他们决定装饰一棵圣诞树送给两位老人。于是他们买了一棵小树，用玩偶与亮片将它装饰好，附带一些礼物，在圣诞节当夜送到邻居夫妇手上。老妇人满怀感激地注视着圣诞树上闪烁的小灯，不禁伤心地哭了。她的丈夫则说："我们已经有许多年没有欣赏圣诞树了。"此后，每当他们前去拜访邻居这两位老人时，老夫妇都会感激地提起那棵圣诞树。

人们所需要的并不只是外在的物质享受，也非常需要来自精神上的安慰。对于故事中的那对年轻夫妇来讲，一棵小小的圣诞树也能给他人带来巨大的温暖与幸福。自己得到了真正的心灵安慰和最大的幸福，其实幸福就这么简单！

人与人之间其实只存在着一种很小的差异——心态的积极与消极，但就是这种很小的差异往往造成了人与人之间的天壤之别，有的人非常幸福，而有的人终生不幸。期望获得幸福者采取积极的心态，这样幸福就会被吸引到他们身边。而那些态度消极的人不仅不会吸引幸福，相反还排斥幸福，当幸福悄然降临到他们身边时，他们可能毫无觉察，或者失之交臂。

世界上有许多孤独之人，他们渴望爱与友谊，但是，他们似乎绝对得不到它们。有些人用消极的心态排斥他们所寻找的东西，另一些人蜷缩在他们狭小的天地里，绝不敢冲出去。他们只幻想一些美好的东西会从天而降，即使他们得到了这些东西，也不会将之与人分享。他们不懂一点：如果你不把美好而称心的东西分给别人，那些东西就会自然减少甚至消失。

心理解脱

幸福是一种难以捉摸的、瞬息万变的东西。如果你追求它，你会发现它似乎在逃避你。但如果你把幸福送给别人，于是它就会来到你身边。但是，如果你把苦难和不幸分摊给别人，你得到的就只能是苦难和不幸。

3. 乐观豁达，笑对生活

一个乐观的人，可以在万丈深渊前悬崖勒马，可以在阳光的普照下，接受希望的滋润。

苏东坡的一句豪言："百年需笑三万六千场。"意在劝君每天大笑一场，正好百年人生。

融入"群体笑"。欢笑是最容易传染的，以为人人身上都有笑的鲜活细胞。那些孤僻独处、不苟言笑的人，应多到群体中去接受笑的感染。笑的人群越来越多，每一个人都应该成为点燃"群笑"的快乐人。

学会"变通笑"。月有阴晴圆缺，人生有甜酸苦辣。高兴时，你尽量开怀大笑；愤懑时，你不妨发出怒笑；无奈时，你可以摇头苦笑；被人奉承，你应该巧妙调笑；遇上尴尬，你则自我嘲笑。学会变通笑，烦恼绕道走。心灵乐观、豁达，于是便健康常驻。

留住"知足笑"。俗话说："知足常乐。""知足赛过长生丹，不是神仙胜神仙。"大凡是人，多数处于"比上不足，比下有余"的中间层。"做了皇帝还想做神仙"，不如"知足常乐赛神仙"。

生命的进程中，常常会遇到许多问题，凡属问题，多多少少会影响到自己的心境，于是，悲哀有之，伤感有之，郁郁有之，压抑有之，号啕更有之。其实这样大可不必，人生重要的是活出生命的精彩，把生命的意义发挥得淋漓尽致，不管是发生了什么事，首要的是处理问题的方式方法和态度，决不是如遭灭顶之灾或无病呻吟。生命就是斗争，与天斗，与地斗，与人斗，斗争中无可避免会受伤和毁灭，面对困难和挫折，遇到打击和伤痛，只要面向阳光，就不会陷于阴影，所以要乐观豁达、笑对人生。

文森特是一个很快乐的人，于是切克去拜访他。文森特笑呵呵地听她提问。

切克问："假如你连一个朋友都没有，你还会高兴吗？"

"当然，我会高兴地想，幸好我还有自己。"

"如果你被人莫名其妙地打了一顿，你还会开心吗？"

"是呀，我会想，还好没被他们杀害。"

"假如医生给你拔错了牙齿，你还会高兴吗？"切克问道。

"当然，我会高兴地想，幸好拔错的只是一颗牙，而不是我的内脏。"

"假如你的妻子背叛了你呢？你还高兴得起来？"

"我会想，幸好她背叛的只是我，而不是国家。"文森特回答。

"假如你失去了生命，你还能高兴吗？"切克问道。

"当然，我会想，我开心地度过了我的一生，就让我跟着死神，高兴地参加另外一个宴会去吧。"

切克彻底服了文森特："这么说，生活中没有什么是令你痛苦的，生活永远是一串快乐的音符吗？"

"是啊，只要你愿意，你就会在生活中发现和找到快乐——痛苦不请自来，而快乐却需要我们自己去发现。"文森特快乐地说道。

快乐是一种豁达、快乐是一种理解、快乐是一种心态。好心态就会给你带来好命运。

两位刚刚跳槽的求职者来到一家大公司接受面试，主考官问了他们同样的问题："为何要辞掉上一份工作？"两人的回答各有不同。

第一个求职者面色阴郁地诉苦："唉，那里糟透了。同事们尔虞我诈，钩心斗角，经理粗野蛮横，以势压人，整个公司死气沉沉，在那里工作，使人感到十分压抑，所以我想换个理想的地方。"

主考官委婉地说："我们这里恐怕不是你理想的乐土，请另谋高就吧。"于是，这个年轻人只好满面愁容地走了出去。

第二个求职者一脸平静地回答说："以前工作的地方挺好，同事们待人热情，乐于互助，经理平易近人，关心下属，整个公司气氛融洽，十分愉快。如果不是想向自己的专业发展，我还真不舍得离开那里呢。"

主考官笑吟吟地同他握手，说："你被录取了。"

有一位银行家，在他五十多岁的时候，他拥有高达数百万美元的财富，两年之后，因为一件偶然的事情，他又失去了所有的财富，而且背上了一大堆债务。

面临如此巨大的打击，他没有颓废，也没有悲观失望，而是决定东山再起。经过不断地努力，不久之后，他还清了所有债务，并且又积累了巨额的财富。

几次大起大落，他都能够坦然从容地面对，有些人羡慕他的成就与辉煌，许多人问他，第二笔财富是怎样积累起来的。他回答说："这很简单，因为我从来没有改变从父母身上继承下来的个性，这就是积极乐观。从早期谋生开始，我就认为，要充满希望地看待万事万物，不要在阴影的笼罩下生活。我总是有理由让自己相信，实际的情况比一般人设想的情况要好得多。"就是怀着一颗乐观积极的心，这位银行家即使一贫如洗，依然拥有赚取巨额财富的雄心。

人，必须豁达大度，才不至于钻入死胡同或牛角尖，才能乐观进取，才能站得高看得远；豁达才有大度，才有严于律己，宽以待人，从而自己开朗，快乐也带给了别人，生活的氛围就处处充斥着愉悦的温情。郁闷是因为想不开，拿不起，放不下，心有千千结，无心之事，有意接受并堆积于心，一生中心情灰暗，天地失色也就在所难免！也就得不到真正的幸福。

生命中应时时让自己拥有一颗轻松自如的心，一份乐观豁达的心智，不管风起云涌，不管世事变化和沧桑变迁，拥有一片属于自己的满足而宁静的天空，才会有笑对人生的永恒！

心理解脱

拥有乐观的心态，是善待自己的表现。唯有乐观，才可以笑对生活中的一切，无论潮起潮落，都能从容淡定、不急不躁。

4. 放大你的快乐

聪明人应当是快乐的，自以为聪明的人才常常感到烦恼。

有人问一位盲人："你什么都看不到，这么活着痛苦吗?"盲人回答："我痛苦什么? 和聋子相比，我能听见声音; 和下肢瘫痪者相比，我能行走; 和哑巴相比，我能说话。如果拿自己的地位跟美国总统相比，拿自己的金钱跟比尔·盖茨相比，拿自己的容貌跟杨贵妃相比，这世界上99.99%的人不都痛不欲生吗? 我之所以生活得比较愉快，是因为我学会了放大美好。"这话说得多么有哲理啊! 放大了美好，自己就活得愉快; 活得愉快，当然也就会生活在幸福的包围之中。

然而看看周围的人，能够以这样的心态直面生活的委实太少。有些人，他们原本体魄健全，衣食无忧，却偏偏因自感缺这少那而苦恼; 他们原本拥有足以让生命灿烂的阳光，却仍然为自觉不能春风得意而怨叹……他们所以如此，是缩小了美好而放大了所谓的不幸。换言之，他们的生活方式太缺乏"技巧"，倘能像那位盲人，焉有不进入乐哉快哉之境界的道理!

美好可以放大，放大了，就会是幸福; 幸福可以放大，放大了，就会是更大的幸福。

幸福是什么? 幸福是一种感觉，只要你感觉自己幸福，那么你便是幸福的。幸福的感觉靠什么获得? 靠的是"放大"这至关重要的生活技巧的运用。

幸福需要放大，因为人的生命需要幸福感的支撑。

过去有个非常乐观的老人。一天，他担着两筐鸡蛋去集市出售。在经过一个山坡时，几十个鸡蛋从筐里掉出来摔个粉碎，蛋黄蛋清流了一地，

227

但他头也不回地只管往前走。

有人提醒他说："老爷爷，你的鸡蛋摔碎了不少，你怎么也不看看。"

老人依然乐呵呵地回答："我知道。既然摔碎了，看又有什么用呢？不如早点赶到集市上卖个好价钱。"

这个老人可算是一个深谙快乐之道的智者。人生不如意事常八九，痛苦与不顺远比快乐多。当你面对不幸或挫折时，你能这样坦然处之，付之一笑吗？

其实，快乐与否，全在于你的心态。看开了，也没什么大不了。只要调整了心态，你就能抛开阴影，开创一片新天地。

我国著名科普学家高士其就是一个善于发现快乐的人。

高士其年轻时留学美国，毕业后留在芝加哥医学院深造。23岁那年，一场意外的科研事故，使他变残废了。全身瘫痪，语言含混，两眼发直，连饮水都困难。

然而，高士其的心却没有衰竭。他以顽强的毅力写了许多文章和诗，成为我国著名的科普作家。他写过一篇知识小品，题为《笑》，其中这样写着：

笑有笑的哲学。笑的本质，是精神愉快。

笑的现象，是让笑容，笑声伴随着你的生活。

笑的形式，多种多样，千姿百态，无时不有，无处不有。

笑的内容，丰富多彩，包括人的一生……

笑，你是嘴边一朵花，在颈上花苑里开放。

你是脸上一朵云，在眉宇双目间飞翔。

你是美的姊妹，艺术家的娇儿。

你是爱的伴侣，生活有了爱情，你笑得更甜。

笑，你是治病的良方，健康的朋友。

高士其永远拥有一颗快乐的心，这是一种积极向上的生活态度，一种任何艰难困苦都无法摧毁的生活态度。林肯，也是一个乐观的典范，他经常挂在嘴边的一句富含哲理的话是："上帝一定很喜欢平民，不然他不会造就出这么多平民来。"

快乐的人，往往是一些永远快乐且充满希望的人们。他无论遇到什么情况，脸上总是带着微笑，心平气和地接受人生的变故和挫折。这就是乐观的生活态度。

乐观对人就像太阳对植物一样重要，乐观就是人心中的太阳。

一群因地震被埋在废墟下的人们，各人的心态决定了他们是否能在困境中顽强地生存下去。那些将困境视为绝境的人因为意志崩溃而导致身体能量系统不能有效地工作，身体各个功能逐渐丧失。在缺少水和食物的情况下，这将是把他们迅速推向死亡的死神之手。而那些意志坚强，坚信光明终究到来的人，体内会制造出永不枯竭的生命能量，帮助他们渡过难关。

这就是乐观给人们提供的力量，它大到足以支撑整个生命。

四十几年前，有几个青年在农场的一间小屋里谈"希望"。一个说："能吃饱就好了。"另一个补充说："最好是有一半的细粮。"又一个说："每个月能看两次电影。"还有一个说："再加上每周能吃上一次肉。"

希望是美好的。它是明天的憧憬，也是我们生活的动力。四十几年过去了，这几名青年变成了老者，而且都在享受着养老金，安度晚年。回忆当年，为了这近乎奢侈的"希望"，他们奋斗着，至今仍沉浸在幸福的满足之中。

世界上有许许多多"美好"的东西，由于我们缺少一颗发现的心，"美好"就在身边却视而不见。发现"美好"，需要热爱生活的心。而美好的发现，有时是在不经意之间，有的却要用一生去寻找。

美好需要我们不懈追求，快乐则俯拾即是。

一个小女孩走过一片草地，看见一只被荆棘弄伤了的蝴蝶。她小心翼翼地为它拔掉刺，让它飞向大自然。后来，蝴蝶为了报恩，化做一个仙女，对小女孩说："为了报答你的仁慈，请你许一个愿，我将让你的愿望变为现实。"

小女孩想了想说："我希望快乐。"仙女在小女孩耳边悄悄地细语了一阵，然后消失了。小女孩得到了仙女的秘诀，后来果真快乐地度过了一生。

这是一个美丽的童话，至今我仍记得那位仙女说的秘诀："身边的每一个人，都需要你给予帮助。"

帮助别人，自己就得到了快乐。所以海伦·凯勒说："追求快乐的人们，若能稍稍停下短短的一分钟，并想一想，就会觉察，他们所真正体验到的快乐，像自己脚边的小草，或是早晨花朵上的露珠，数也数不清。"

美好是一种存在，快乐却是一种感觉。美好不能放大，快乐可以放大。生活中，把自己的快乐与人分享，快乐就被放大了许多倍。

在人生旅途中，我们曾拥有过许多美好的东西，但许多都只能留在记忆中；我们俯拾起许多的快乐，把快乐与人共享，无论遇到什么样的艰难困苦，我们始终快乐。吝啬的人快乐一时，无私的人快乐一生。有句谚语说，送人玫瑰，手有余香。快乐是能够相互传染的。给别人一分快乐，自己就拥有两分的快乐，快乐会在放大中增值。

心理解脱

把乐观当成一种习惯。每天利用几分钟的时间，想象明天、下个星期或是明年，都可能发生许多愉快的事情，不要对未来烦恼或忧虑。多想想美好的事情，你会在不知不觉中实现它们。如此一来，你就养成了乐观的习惯。

5. 把快乐当成一种习惯

生活中永远应该记住：快乐是你赠给自己的礼物，不是圣诞节的点缀，而是整年的喜悦，要把快乐当成一种习惯。

人无论在什么时候，都要保持一种快乐的精神，只有这样，烦恼才会离你越来越远，而不是越来越近。

一天清晨，在一列火车的卧铺车中，有四个男士正挤在洗手间里刮胡子。经过了一夜的疲困，隔日清晨通常会有不少人在这个狭窄的地方作一番洗漱。此时的人们多半神情漠然，而且彼此也不交谈。

就在此刻，突然有一个面带微笑的男人走了进来，他愉快地向大家道早安，但是却没有人理会他的招呼，或只是在嘴巴上噓应一番罢了。之后，当他准备开始刮胡子时，竟然自若地哼起歌来，神情显得十分愉快。他的这番举止令其中一个人很生气，于是这人冷冷地、带着讽刺的口吻对这个男人问道："喂！你好像很得意的样子，怎么回事呢？"

"是的。你说得没错。"男人如此回答着，"正如你所说的，我是很得意，我真的觉得很愉快。"然后，他又说道，"我是把使自己觉得快乐这件事当成一种习惯罢了。"

这就是那个男人说话内容的全部。后来，在洗手间内所有的人都已经把"我是把使自己觉得快乐这件事，当成一种习惯罢了"这句富含意义的话牢牢地记在心中。

事实上，这句话确实具有深刻的哲理。不论是幸运或不幸的事，人们心中习惯性的想法往往占有决定性的影响地位。有一位名人说："困苦人的日子都是愁苦；心中欢畅者，则常享丰宴。"这段话的意义是告诫世人设法培养愉快之心，并把快乐当成一种习惯，那么，生活将成为一连串的

231

一位闻名遐迩的老人被电视台节目主持人作为特约嘉宾邀请来参加活动。他确实是一个非常杰出的老人。他的讲话完全没有经过特别的准备，更没有经过任何排练。这些讲话与他的个性是完全一致的，他精神矍铄，容光焕发，充满快乐。无论他想说什么，他都毫不掩饰，而且思维敏捷。他的机智幽默，让听众捧腹大笑。大家都非常喜爱他。这次节目，他给人留下了深刻印象。

最后，节目主持人问这位老人为什么总是这样高兴："你一定有什么特别的让自己快乐的秘密。"

"不，没有，"老人回答说，"我没有什么特别的秘密。这只不过和你脸上的鼻子一样普通。每天早上起床的时候，我有一个习惯性自问：你快乐吗？我的回答一定是快乐，非常快乐。我已经把快乐问答当成了一种生活中的习惯。"

这似乎也太过于简单，而且这个老人的思想也好像是太肤浅。但是，这让我们想到了林肯，林肯曾经说过境由心造，你的心里有多快活，你也就会得到多少快活。如果你想让自己不开心，那你时时刻刻都可以不开心。而且，这也是世界上最容易做到的事情，只要你选择不开心就可以了。你可以告诉自己什么事情都不顺利，没有什么事情可以让自己满意，那么，你肯定就开心不起来。但是，如果你对自己说"事情进展良好，生活也不错，所以，我选择开心"，那么，你肯定就会快乐。

莎士比亚曾经说过："快乐和行动，使得时间变短了。"不论时间的长短，让你的时间充满愉悦的笑声。对于快乐，一部分人一笑置之，他们是无知的一群，他们不懂快乐的真谛。

快乐是真实的，是发自内心的；除非获得你的允许，没有人能够令你苦恼。

快乐不是争来的东西，也不是应得的报酬。快乐不是道德问题，就像血液循环不是道德问题一样。快乐与血液循环二者都是健康生存的必要因素。快乐就是"我们的思想处于愉悦时刻的一种心理状态"：如果你一直等到你"理应"进行快乐思维的时刻，你很可能产生你自己不配得到快乐的不快乐思想。

快乐不在未来而在现在。很多人不快乐，因为他们总是企图按照一个难以实现的计划而生活。他们现在不是在享受。而是在等待将来发生的事情：他们以为等到自己找到好工作之后，买下房子以后，孩子大学毕业以后，完成某个任务或取得某种胜利以后，就会快乐起来。这种人一概都以失望而告终。

生活本身就是一系列问题，如果你想要快乐，你就快乐吧，不要"有条件"的快乐，而要把快乐当成自己的一种习惯。

平日，人们习惯于往身上或房间洒点香水，使空气芬芳清新，让人感到舒畅。其实这同样适用于人的情感。当人有意识地往头脑里增添令自己振奋的情绪时，你就会变得快乐，就会有好心情。而当一个人总是去注意那些灰色的事物和不快乐的一面时，他的情绪同样会深受影响，甚至发展成一种病态的情绪。

有一位哲学家告诉我们，每天起床要面带笑容，保持愉快的心情到上午 10 时，那会保证你一天都会快乐。这不是简单的感觉，而是人生选择幸福的基础。你期望快乐，便会找到快乐，你寻找什么，便会发现什么。这是人生的基本法则。

我们面对的是越来越紧张的生活和利益冲突，我们往往忘记了要给自己的精神洒一点香水。一味地为了金钱、地位和荣誉，反使我们平添了许多无法摆脱的纠缠与不快。要使自己拥有健康的身心，赢得成功的人生，应该记住美国那位倡导积极思想的哲学家皮尔博士的告诫："每天为你的生活洒一点香水。"

心理解脱

　　我们快乐与否在很大程度上取决于我们的心灵和所养成的习惯。培养舒畅的心境，养成快乐的习惯，我们的生活就会变得很快乐。

十四、学会正面思维

　　快乐不是风雨，快乐不是音乐，快乐是生活中的愉悦，是甜蜜幸福的心情！一个人整天快乐不容易，但每天快乐一点点并不难。只要善于创造，一个不经意的关心，一个不经意的欣赏，一个不经意的感激，都会让生活的长河激起快乐的涟漪，使许多烦恼和忧伤随之烟消云散。快乐不在未来而在现在，从现在开始每天快乐一点点，你的生活将变得阳光灿烂，充满勃勃生机。

1. 凡事要往好处想

若凡事皆能往好处的、乐观的方向看，必将会希望无穷；
反之，一味地往坏的悲观的方向看，定觉兴致索然。

人生如变幻莫测的天空，瞬息阳光灿烂，白云悠扬，彩虹飞架；瞬息乌云密布，电闪雷鸣，风狂雨暴。无论风云如何变幻，我们都要遇事往好处想。

我们常常见到这样一尊佛像，他整日捧腹大笑，看起来特别具有亲和力及喜悦感。他便是"大肚能容，了却人间多少事；满腔欢喜，笑开天下古今愁"的弥勒佛。

弥勒佛之所以有令人敬服的特质，就在于他的"豁达大度"。一件事有许多角度，如有好的一面，亦有坏的一面，有乐观的一面，亦有悲观的一面。就好比一个碗缺了个角，乍看之下，好似不能再用；若肯转个角度来看，你将发现，那个碗的其他地方都是好的，还是可以用的。

看一个只有 3 岁的小女孩儿，晚餐时，每每执着汤匙要"自己来"，但次次皆被母亲夺走，而母亲通常的回答是："你还不会。"亲属造访她们家时，小女孩儿竟改口道："你帮我。"由此可见，孩子的热情被一而再、再而三地浇灭后，便容易产生依赖性。久而久之，将变成一个怕做错事而受嘲骂、缺乏自信的人，等到将来长大，自然会畏畏缩缩，没有勇气尝试突破困境。

凡事往好的方面想，自然会心胸宽大，也较能容纳别人的意见。宽大的心胸，不但可以使人由别的角度去看事情，更能使自己过着怡人而自得的日子。

豁达一些，也要大度一些。就拿鞋子来说吧，我们买鞋子都知道要多

237

预留一点空间，否则穿久了，会因脚和鞋子摩擦得太厉害而起水泡，甚至磨破皮，以致痛苦难忍。又如赴约，应提早五分钟或十分钟到场，也一定比剩一分钟赶到的心情轻松多了。谚云"宰相肚里能撑船"，英国首相丘吉尔就是最好的例证。他对于化解愤怒的方法更是幽默。有一次，演说前有一位不赞同他的人，递了张纸条给他，上写着"笨蛋"二字，丘吉尔看了之后，并没有生气或不悦的颜色，只是拿着那张纸条幽默地说："我常常接到许多忘了签名的信，今天我第一次接到没有内容，却有签名的信，难道这是他的签名吗？"随后将纸条展示给在座诸位观看，引得哄堂大笑。

愤怒是不好的情绪，但大多数的凡夫俗子往往控制不住它，只有少数有智慧、有度量的人才能适时疏导这种不好的情绪。

生活中我们或许都经历过这种情景，就是盛怒之后，再反省便会发现："我当时也可以不必那么愤怒的，其实事情也不是那么严重，不知道他（受气者）现在的感受如何？"但当遇到那种使人愤怒的情景时，往往会按捺不住怒火。因此，我们必须透过日常生活不断地磨炼自己，使自己也拥有化解、疏导愤怒的智慧和能力。

由于我们不是顿悟的圣者，便只有靠着"时时勤拂拭，勿使惹尘埃"的功夫，使自己臻于能忍辱、能容人的境界。是的，希望我们都能在生命之河的洗炼中，慢慢磨去我们不知足的坏习性，使我们也能迈向圆融的人生。

心理解脱

我们应该效法弥勒佛笑口常开的个性，并学习他用积极开朗的态度去解决一切问题。在这充满争斗的繁华世界之中，唯有以最自然无争的态度，并处处流露服务他人的意念，才能散发人性至真、至善、至美的光明面。

2. 用理智思维拯救快乐

> 理智是人的最高天赋，是人生最有价值的财富，失掉了理智
> 就是失去了做人的一切。

在人生路上，当我们遇到坎坷、挫折和危险的时候，一定要保持冷静的头脑，不要被一时的困境冲昏了头脑，只有保持理智的思维才能拯救快乐。

有这样一个真实的故事：

一位美国空军飞行员说："第二次世界大战期间，我独自担任 F6 泼妇型战斗机的驾驶。头一次任务是轰炸、扫射东京湾。从航空母舰上起飞后，飞机一直保持高空飞行，然后再以俯冲的姿态滑落至目的地 90 米上空执行任务。然而，正当我以雷霆万钧的姿态俯冲时，飞机左翼被敌军击中，飞机顿时翻转过来，并急速下坠。"

"我接受训练期间，教官一再叮咛说，在紧急状况中要沉着应对，切勿轻举妄动。当飞机下坠时，我就只记得这么一句话，因此，我什么仪器按钮都没有乱动，我只是静静地想，静静地等候把飞机拉起来的最佳时机和位置，最后，我果然幸运地脱险了。假如我当时顺着本能的求生反应，未待最佳时机就胡乱操作的话，必定会使飞机更快地下坠而葬身大海。"他又强调说，"一直到现在，我还记得教官那句话：'不要轻举妄动而自乱脚步；要冷静地判断，抓住最佳的反应时机。'"

做人要保持一份理智，有理智才会有优雅，"泰山崩于前而面不改色"，这才是做人真正的基调。

传说有一条勇敢的鱼生活在渤海口，它发誓要游到高原去实现生命的价值。逆流而上的它，顽强地拼搏，游泳技术很好，头脑也很机敏，穿过

239

了渔民们布下的一道道渔网，也逃过了大鱼吞食的嘴巴，一会儿冲过浅滩，一会儿穿过激流。

它游过了一个又一个危险地带，过了山涧，挤过了石罅，终于游上了高原。群鱼们为它欢呼，大家都把它视为勇于拼搏奋斗的英雄。

可是，这位受鱼尊敬的英雄，刚想朝欢呼的同类摆摆尾巴，却已经不行了，它被冻成了冰。多少年过去了，它一直保持着游动的姿势，凝固在唐古拉山的冰块中。

有人说它是一条勇敢的鱼，逆行了那么远、那么长、那么久，应该是一位英雄。然而却还有人说：它虽然称得上勇敢，但只有伟大的精神，却没有伟大的方向，它没有遵从自然规律和历史的选择，历尽了艰辛，得到的却只能是死亡。

勇敢是成功者必备的品格，但是在勇敢的背后更需要理性的思维、理智的心理。盲目地去追求，非但不会有所收获，反而会付出惨重的代价。

同样，由于不够理智，史玉柱的巨人集团倒闭在盖一座巨人大厦上。巨人集团为什么要盖这样一座超出自己财力、物力，并且可能巨人集团再有100年也用不了的大楼？巨人大厦原来准备盖38层的，后来为什么涨到70层？

史玉柱解释这个问题："38层的想法出来不久，1992年下半年一位领导来我们公司参观，看到这座楼位置非常好，就建议把楼盖得高一点，由自用转到开发地产上。于是，我们把设计改到54层。后来，很快又把设计改到64层，此中有两个因素：一是设计单位说54层和64层对下面基础影响都不大；二是我们也想为珠海市争光，盖一座标志性大厦。当时广州想盖全国最高的楼，定在63层，我们要超过它。1994年初又一位领导来视察珠海，同时要参观巨人集团，我们大家觉得64层有点犯忌讳，集团几个负责人就一起研究提到70层，打电话向香港的设计师咨询，对方告之技术上可行，所以就定在70层。"

听了史玉柱的这番话，你的感觉是什么？是不是像儿戏，好像孩子过家家？这样搞企业，怎么能够不败！巨人大厦原来预算为2亿元，工期两年，加高到70层后，预算变为12亿元，工期拖长到6年。后来史玉柱将巨人集团的所有流动资金都投入到巨人大厦，加上在香港卖楼花的钱，也填不满这个黑窟窿。最后巨人大厦没有盖起来，巨人集团已经倒下了。

巨人集团倒下后，史玉柱痛定思痛，总结经验教训。史玉柱说："目标越大风险越大，如果不经过理智地分析，科学地论证，必然损失惨重。"巨人大厦最终没有拯救巨人，几乎拖垮了整个公司。其失败的根本原因就是决策者一时冲动，不够理智的必然结果。

人生路上，只有理智的思维才能拯救快乐，不理智是事业失败，人生烦恼的导火索。

心理解脱

生活中，我们无论做什么事情都必须保持冷静和理性的思维状态。冲动是魔鬼。一个理智的人必然是一个快乐的人，因为理智的人可能会失误，也可能会失策，还可能会失真，但他决不会失迷，不失迷的人永远是快乐的追随者。

3. 智慧就是一种转化能力

成功者和不成功者之间的差别是前者是用智慧做事，后者只是机械地操作而已。智者总是把机会转化为获得财富的开始，而非智者总是把机会转手给别人拿走。

运用智慧的力量会无往不胜。任何事情都是有窍门的，问题是会不会发现它。

1984 年，在东京国际马拉松邀请赛中，名不见经传的日本选手山田本一出人意外地夺得了世界冠军。当记者问他凭什么取得如此惊人的成绩时，他只说了这么一句话：凭智慧战胜对手。

当时许多人都认为这是个偶然跑到前面的矮个子日本人在故弄玄虚。因为，具有一点点体育知识的人都知道：要想在马拉松赛中获胜凭的是体力和耐力，说用智慧取胜确实有点难以令人相信。

也就是在两年之后，山田本一在意大利国际马拉松邀请赛中又一次夺冠。面对记者问及他是怎样取胜的。他还是那句话：凭借智慧战胜对手。这让人们越来越觉得不解了，对于他说的智慧到底指的是什么疑惑不解。

10 年后，这个谜在他的自传之中被解开了：原来，每次比赛之前，他都要乘车把比赛的线路仔细地看一遍，并把沿途比较醒目的标志画下来，比如第一个标志是银行，第二个标志是一棵大树；第三个标志是一座红房子……这样一直画到赛程的终点。比赛开始后，他就以百米的速度奋力地向第一个目标冲去，等到达第一个目标后，又以同样的速度向第二个目标冲去。40 多公里的赛程，就被他分解成这么几个小目标轻松地跑完了。他还说在开始的时候，由于不懂得这个道理，把目标定在终点线上的那面旗帜上，结果只跑到十几公里时就疲惫不堪了，已经被前面那段遥远的路程给吓倒了。

在很多的时候取得成功和胜利，虽然一些技能起着一定的作用。但是，真正能够使得技术得到极致发挥的还是取决于智慧。智慧是一种无形的转化能力，它可以把希望转化为力量，可以把信心转化为速度，把不可能转化为可能。同样，智慧还能让平凡的人走向成功，成功的人到达辉煌。

在一个贫穷的乡村里，住着兄弟两人，他们受不了穷困的环境，便决定离开家乡，到外面另谋生路。由于乘船时出了一些意外，两兄弟分开了，最后哥哥到了富庶的纽约，弟弟则到了穷困的菲律宾。

几十年过去了，兄弟俩又幸运地聚在一起。如今的他们，却有很大的差别。做哥哥的，在纽约虽不用为生计担忧，但也只能做些洗衣做饭的脏活累活，至于事业，根本不敢去想。

弟弟却在菲律宾拥有相当份额的山林、橡胶园和房地产，成了一位大地产商。同样的出身，同样经过了几十年的努力，为什么兄弟两人的结局有着如此大的差别呢？

见面后，兄弟两人都谈到了他们分别以后各自的遭遇。哥哥说，我们有色人到白人的社会，既然没有什么特别的才干，就只能做些脏活、累活、修下水道、扫厕所、当扫垃圾工人。总之，白人不肯做的工作，我们有色人统统顶上了，生活是没有问题的，但事业却不敢奢望了。言谈中，哥哥不免露出对弟弟的成功事业和幸福生活的渴望和美慕。他以为弟弟肯定有什么不寻常的经历，使得命运之神如此照顾他。

弟弟说："刚去时也是做一些低贱的事，后来摸出了门道，我就接下当地人放弃的事业，就这样慢慢做大了。"

魄力、智慧是成就事业的关键。许多看似简单的事往往暗藏商机，问题是你会不会发掘。

心理解脱

智慧是一种财富，一种能力，运用智慧，我们才能在平凡中看到机遇，从而走向成功；运用智慧，我们才能做到冷静，才能不贸然行事；运用智慧，我们才能做到有备而来，心知肚明，从容对待我们的人生。

4. 好思路决定好出路

思路决定出路，一个新奇的思路有时候会给人带来好出路，好出路就有好的人生。

人生的价值在于创造！

世上有三种人，一种人承受生活，觉得一切都是命中注定，便一步一步随波逐流地活到老；再一种人迎接生活，他觉得生活就像手中的一副牌，虽然牌面是注定的，但出法却由自己掌握；另一种人则梦想创造生活，认为生活就是一块洁白的画布，美好的前景全由自己去勾画。

两个人同时望向铁窗，一个人看到铁窗上的泥土，一个人看到窗外的星星。生活在同样一个世界里的人，有的人一直生活在苦恼和贫困之中，而有的人却过着幸福、快乐、富有的生活。这是什么原因呢？其实，人与人之间根本没有多大区别，只是因为思路不同，看问题的角度不同，解决问题的方法不同，所以导致了天壤之别的出路。不同的思路，造就不同的出路，正确的思路引领成功，错误的思路导致失败！

有一个人从小就惹是生非，长大后成为当地的流氓，吃喝嫖赌五毒俱全，整天无所事事，最后因为抢劫被判了十五年。他有一个妻子两个儿子，后来妻子与他离婚了。两个儿子，其中一个儿子学他，整天到处瞎混，最后锒铛入狱；而另外一个儿子则发愤图强，最后在一家公司当上了副总，拥有一个幸福的家庭。

某记者采访了兄弟二人，为什么他们会走上不同的道路？令人颇感意外的是，他们回答的竟是同样的一句话：有一个这样的父亲，我还能怎样呢？

同样的一个事实却得出不同结果：一个自暴自弃，另一个则奋斗不息。看来，有什么样的思路就有什么样的人生，是思路决定了他们的出路？

因此，当你遇到麻烦束手无策的时候，你不妨换一种思路，跳出惯性思维，也许你马上就能找到一条新的道路，一个新的目标，一种新的境界。换个思路，也许就有了出路！否则，你的人生道路只会越走越窄。

两个老板在一起聊天的时候，说起自己的员工。一个老板说："我的公司有这样三个人，一个喜欢寻根究底，嫌这嫌那；另外一个总是忧心忡忡，为一些莫名其妙的事情担忧；第三个人每天无所事事，喜欢到处乱逛。我实在受不了，过几天我一定要炒了他们。"

另外一个老板想了想说："这样吧，你干脆让他们到我的公司来上班吧，省得麻烦。"第一个老板高兴地答应了。

那三个人到了第二个老板的公司后，喜欢寻根究底的那个人被安排去做质量监督，总是忧心忡忡的那个人被安排去做安全保卫，而喜欢闲逛的那个人则被安排去做业务和宣传。

一段时间以后，这三个人都做出非常出色的成绩，而他们所在的公司也取得了迅速的发展。

同样的一个人，在不同的岗位，就会有不同的表现。所以说，只要你的方向走对了，没有做不成功的事。

工作中，有些人不愿意去思考，总是用固有的眼光去看待眼前的事物，久而久之，就形成了一种思维定式，然而事物是变化的，如果总是按照以往的思路去做事，便很难取得出色成就。

有两个小伙子，一个叫实，一个叫新，他们住在同一个村里，两人均在家待业，有一天，两人同时收到一个招聘消息：招两位年轻人给另外一个偏僻的村子送水，两人兴致勃勃地去参加应聘，结果都被录用了。

实是一个实在的人，他觉得工作来之不易，一定要好好干。于是，他每天早早起床，然后拎着水桶去距村千米之外的湖边提水，然后挨家挨户地送水。凭着结实的身体和踏实的工作态度，实每天都能够挣到不少钱，心里也非常高兴，唯一觉得不舒服的，就是有点累，但还是比较满足，他认为：年轻人累点没什么。

新接到工作后，并没有像实那样立即去买工具去提水。新在琢磨，如

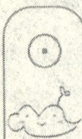

果单靠体力挣钱，不但太累，而且效率也不高，既然是工作，就该有进步，这样干起来才有动力，于是，他想到了修渠。后来，渠道修好了，输水管道很快进了村民的家门口，水源源不断地流向村民家中，钱也在不断涌向新的口袋。

与新相比，实的工作方式已经不能满足村民的需求，他所挣的钱也就越来越少，生活依旧忙碌和辛苦。

同是一种工作，两人的实施方式不同，取得的成就也有着很大的差别，生活就是这样，新奇的想法和思路总是眷恋爱动脑筋的人。

心理解脱

人与人最大的差别是脖子以上的部分，不同的思路最终导致了不同的人生。我们必须有新的思路、新的方法、新的创造，才能在激烈的竞争中立于不败之地！

5. 从悲剧中找到喜剧

　　任何一个悲剧后面都必须隐藏着一个喜剧，这正如一个喜剧后面都隐藏着一个悲剧一样，我们要善于用心去寻找背后的喜剧，而忘记悲剧。

　　悲剧无处不在，无时不在。凡是得道的人，凡是开悟的人，凡是活得潇洒的人，都是能从悲剧中找到喜剧的人。从周文王、孔子、老子、庄子到司马迁，从尼采、贝多芬、海伦·凯勒到史蒂芬·霍金，都莫不如此。

　　从前，有一位禅师带有一个徒弟，师父忙于自我修炼，于是他便打发徒弟到红尘中去了解世人，去修俗禅，因为年轻人都缺乏体验。

　　弟子是一个实在的人，他从小就失去了双亲，他长得丑陋，因此他对自己毫无信心。但师父交代的事，他还是要及时完成的。因为他感激他的师父收留了他。所以他从一个村子参禅到另一个村子，从一个城市到另一个城市，历经了半年时间，总算完成了师父给他出的难题。

　　当他回到师父身边时，一脸愁眉苦脸。师父便问其缘故。他哀伤地叹道：我发现了一个人生的原则，就是生命是一场无处不在无时不在的悲剧。唉！人活着没有一点意思可言。师父一听此话疑虑了一下道：说来听听。

　　徒弟便讲道：鲜花再美丽，但那种美丽只是短暂的，很快便凋零了。美女再漂亮，但那只是短暂的，没几年脸上便布满了皱纹。春天再烂漫，但那只是短暂的，很快被秋风取代，被严冬扼杀。英雄再英勇，但那只是短暂的，当他老了后便豪情全失。快乐再幸福，但那只是短暂的，它很快便被痛苦取代。智能虽然可敬，但那只是短暂的，很快便被新的愚昧所占据。总之，这个世界有的只是无边的痛苦，只是无穷无尽的悲剧。悲剧是大地，是大海，我们无论脚落在何处，你都注定是落在悲剧上。唉！生命太残酷。

　　禅师道：你说得对，不过我再补充一点点。徒弟不服道：您有何高见？禅师含笑反问道：冬天过后是什么天？徒弟答道：又是春天。禅师又问道：鲜花落后结出了种子，那我问你种子再播种后会怎么样？徒弟回道：又会开出鲜花。禅师又问道：古代的英雄死去了，是不是从此英雄便绝种了呢？徒弟道：没有。禅师又问道：天下的美女都老了，是不是她的女儿中没有一个再漂亮呢？徒弟道：不是。禅师又问道：痛苦虽然很多，但十个痛苦是不是比不上半个成功后的喜悦呢？一个女人花了三十年时间历尽了千辛万苦终于一天找到了她那失踪的儿子，在找到的那一瞬间是不是将三十年痛苦都忘记了呢？徒弟道：是的。禅师又道：人类的确有太多的愚昧，但智慧是不是越来越多，是不是一直在成长呢？我们享用的物品是不是越来越多呢？徒弟道：是的。禅师又问道：长期的阴雨天令人讨厌，是不是我们再也见不到晴天了呢？徒弟道：不是。

　　禅师总结道：既然都不是，那么，有智慧的人又怎样对待这悲剧的世界呢？

　　徒弟会意地笑道：我明白了，虽然我们处在悲剧之中，但我们要有一双永远从悲剧中发现喜剧的眼睛。一万个人都不爱我，只要有师父爱我就足够了。一个人长得再丑陋，全身几十处地方都丑陋，但只要脸上有阳光，眼中有慈爱，他就应该是美的。禅师会心地笑了。

　　世界只有一个辩证法，一切喜剧都只可能从悲剧中诞生。

　　孟子说：舜从田野之中被任用，傅说从筑墙工作中被举用，胶鬲从贩卖鱼盐的工作中被举用，管夷吾从狱官手里释放后被举用为相，孙叔敖从海边被举用进了朝廷，百里奚从市井中被举用登上了相位。

　　所以上天将要降落重大责任在这个人身上，一定要首先使他的内心痛苦，使他的筋骨劳累，使他经受饥饿，以致肌肤消瘦，使他受贫困之苦，使他做的事颠倒错乱，总不如意，通过那些来使他的内心警觉，使他的性格坚定，增加他不具备的才能。

　　人经常犯错误，然后才能改正；内心困苦，思虑阻塞，然后才能有所

解脱的人生不寂寞

作为，这一切表现到脸色上，抒发到言语中，然后才被人了解。在一个国内如果没有坚持法度的世臣和辅佐君主的贤士，在国外如果没有敌对国家和外患，便经常导致灭亡。这就可以说明，忧愁患害可以使人生存，而安逸享乐使人委靡死亡。

人类社会的一切卓越，几乎都在悲剧之中生长。当然，人，比悲剧更伟大。卓越的人决不会停留在悲剧中，不会在悲剧中无奈，而总是表现出消解悲剧的方向力和穿透力。这就是人的了不起，这就是智慧的最高表现。

如你要责怪你的朋友，这是个悲剧。那么，你作为一个智者，一个开悟者，你唯一要做的是从责怪你朋友中找到那喜剧。你之所以要责怪他，是因为他可能做了对不起你的事，可能做了你不习惯的事，总之，他的一切不对，都是相对于你发生的，若没有你，他的行为是无所谓好坏的，你只是一个参照者，只是一个评判的依据。

朋友为什么要伤害你或令你不快乐，或许是他的恶习在他身上作怪，或许是你自己有问题。但不管是谁有问题，总之，一旦责怪意念发生，一个悲剧就已产生；一个责怪执行，一个悲剧就在扩散；一个责怪让周围的人都知道了，那么，这个悲剧就更为恶劣了。

只有没有开悟的人，才会让悲剧发生；因为他是活在悲剧之中，每天、每年都活在悲剧之中。几年来、几十年来，他养成了一种悲剧的言行，养成了一种制造悲剧的言行，养成了一种制造悲剧的习惯。他有瘾，他不由自主地制造了一个又一个悲剧。

正因为没有开悟，所以，他只活在辩证法的一端，他没有吃透什么是智慧，什么是辩证法，他只停留在一端，他没有想到要去另一端，没有想到事物的背面，事物的另一面。

只有开悟的人，才深深知道，一切伟大，一切成就，都深深隐藏在那个另一面，都深藏在那个悲剧的背后，都深藏在那个责怪的后面。我们只要跨过那个悲剧，走向对立面，我们就一定能找到那个喜剧，就一定能找到深藏在沙子里的珍珠。所以，当你升起那个责怪时，升起那个愤怒时，就应该立即想起那个对立面。

我们看到天上有乌云，那是悲剧。此时你应继续看，世界是一个动态的运作，你仰望天空，很快就会发现，乌云很快有可能飘走，乌云一走，阳光又会再现。就算乌云一时半会不走，你也要想到，乌云只是一个过客，只是一个客人，它来了，就一定会走的。只有天空和阳光，才是主人，主人迟早会归位的。想到了这一点，那么，你就从乌云之中找到了喜剧。

你现在处境不好，这是一个悲剧。此时你应当继续向前寻找，不要停留，你应该找到那个对立面。我们都埋怨自己的成功条件不够，没有博士学位，没有资金，没有一流的漂亮或潇洒，我们仿佛一无是处，这是悲剧。但这是平凡的常态，是没有开悟的人都会如此寻找的原因。而开悟的人，他不只停留在此处，他还将继续寻找，继续在荆棘中寻找玫瑰，在不同的地点找，在任何方向找，不久，他一定会找到玫瑰的，一定会找到惊喜的。只要想找到玫瑰，他就一定会找到。找到了玫瑰，也就找到了喜剧。

当别人提出要求时，你总是习惯性地拒绝，这是悲剧。此时，我们要清楚，只有平凡的人才停留在此时此地，此情此景，而开悟的人则绝不会在此负面的有毒的室内安稳地躺着睡大觉，他一定会向另一面去寻找，他会找到那个为什么的根，他会找到那个小我，那个残缺的我，他会揪出那个丑陋的灵魂，会将之抛于阳光下，他会升起一股正义和正气，他会十分鄙视那个小我，如此一来，他就在自省自醒中走向了事物的另一面，此时，他就开花了，就找到了那个喜剧。

战国时的廉颇看到蔺相如受到了国王的优厚待遇，心中立即生怨很不平衡，这就立即出现了悲剧。而且，他还想将悲剧推进，他每天守在进早朝的路上想要羞辱蔺相如，因为他只能看到一点，只看到局部的问题的一点，而且僵死在这个点上。所以说，一切悲剧都是因为僵化僵死在某个点上而被创造出来的，蔺相如则是一朵花，一朵白云，他是流动的，他看到全局，看到了别的国家之所以不敢进攻赵国，是因为有他们两个文臣武将同时存在的缘故。只要他们文武两人任何一个离开或死去，别的国家，就可能立即进攻。廉颇却只能看到问题的一面性，他看不到那个"二思维"，看不到那个对立面，而蔺相如却能看到。

人都是智慧的人，都是有潜意识追求喜剧的欲望，后来，廉颇终于听到蔺相如回避他的原因，他才猛然醒悟，才当场醒悟，才终于越过了悲剧，终于制止了悲剧，才找到了生命的喜剧，才出现了大团圆的喜剧。

比尔·盖茨也是一个从悲剧中找到喜剧的人。当比尔·盖茨还在哈佛读书时，他有一个伟大的想法，而且还想把那个梦想推向全世界，这本是一个喜剧，但他无法实现，因为哈佛大学束缚了他，作为一个学生，他必须做他应该做的事，上他应该上的课，他时间有限，他无法迅速实现他的梦想，所以，他立即成了一个悲剧。他十分苦恼，在悲剧中烦乱过一阵子。他是那种有使命感的人，是有野心的人，他不安分，他决定自动自发地摆脱那个悲剧，摆脱哈佛，他要去寻找属于他的喜剧。

找到喜剧并不难，难的是做决定，是你到底敢不敢去寻找。

许多人，一生都活在社会的底层，都活在一系列的无奈和痛苦埋怨之中，他们总是埋怨这个世界上的一切，总认为世上所有的人都对不起他，都要有意为难他，而且总认为一切变化总是对别人有利的，对自己有害的等等。这种人一生都只可能活在地狱里。

他们是可怜的，是值得同情的。每个人的失败，都是社会的教育功能缺位的表现。有多少失败者，就反映出如今教育有多么缺位和渎职。我深深同情弱者。我所有的学问和智慧都是为学校教育及社会教育忽略了的人准备的。我要你们也活在喜剧之中来，不要都待在那个悲剧里愁眉苦脸，不要老是对生命有太多的顾忌和恐惧。

总之，悲剧，是生命的开始；悲剧，是人间地狱；悲剧，是智慧的低级运作。可以说，只要你处于悲剧状态，那么，你必定是没有开悟的，或者是没有启动你的智慧的。如你要伸手去打你那不听话的儿子的意念和动作，这是一个悲剧，但你可以阻止这个悲剧发生，他一定还有一种更为不暴力的方式存在，只要你继续找，就一定能找到。你若这么想，你就开悟了；你若这么做，你就是在接近花朵，接近喜剧。你若能全力以赴去寻找，你必将开悟，必将彻底摆脱悲剧，必将远离悲剧，必将找到那个潜在的喜剧。

记住，喜剧都是潜在的，就像你在一个城市里寻找你的爱人一样，只要找，就一定能找到的。

每个人的生命都得与悲剧打交道，要么活在悲剧之中，要么，走出悲剧。这二者是有很大的区别的，是有本质区别的。活在悲剧之中的人，是一个未开悟的人，而有能力从悲剧走到喜剧的人，才是完整的人，才是开悟的人，才是得道的人，生命对他才具有意义。

十五、简单生活不是梦

简单生活就是快乐生活，简单是一种平凡，却不平庸。简单生活，并不意味着是贫苦、简陋的生活，它是经过深思熟虑之后，呈现真实自我，过上目标明确的生活，是一种丰富、和谐、轻松、悠闲的生活。放下那些沉重的包袱，随遇而安，该是你的，你去争取，不是你的，也不要强求，不要因为自己无法满足的欲望而去做一些无聊的、毫无意义的事情，生活就不会复杂，就会简单起来，人生就会快乐起来。

1. 很多事其实很简单

很多事并没有你想象的那么困难和复杂，只是你没有去做而已。

天下无难事，只怕有心人。事情很少有根本做不成的，之所以有此事做不成，与其说条件不够，不如说行动不足，只要行动，迟早会得到解决，不去做，那么任何事都难于上青天。

亚历山大大帝在进军亚细亚之前，路过著名的朱庇特神庙。关于朱庇特神庙有个著名的预言，这个预言说的是谁能够将朱庇特神庙的一串复杂的绳结打开，谁就能够成为亚细亚的帝王。在亚历山大大帝到来之前，这个绳结已经难倒了来自很多国家的智者和国王。因为军队即将开拔，能否打开这个神秘的绳结，关系到了军队整体的士气。

亚历山大大帝仔细观察着这个绳结。果然是天衣无缝，无懈可击。这时，他灵光一闪："既然前人没人能够解开，那么我为什么不用自己的行动来打开这个绳结呢！"于是，他拔剑一挥，绳结被一劈两半，这个困惑了世人几百年的难题就这样被轻易地解决了。亚历山大也因此成为了亚细亚的帝王，众人心服口服。

亚历山大大帝勇于行动，不墨守成规，显示了非凡的智慧和勇气，成就了他亚细亚帝王的伟业。可见，即使是再棘手的难题，在行动面前都不堪一击。

万事为之则易，不为则难。目标有难有易，但只要付诸行动，多么难的事情也会变得容易。不行动的话，容易的也会变得很困难。只要付出行动，你会发现，看起来很难的事情，其实轻而易举就可以得到解决；而光想不做，再简单的事情都会觉得无比困难。

从前有一户人家的大门口边上摆着一块大石头，人一不小心就会踢到那一块大石头。

儿子问："爸爸，那块讨厌的石头，为什么不把它挖走？"

爸爸这么回答："你说那块石头？从你爷爷时代，就一直放到现在了，没事无聊挖石头，还不如走路小心一点。"

过了几年，这块大石头留到下一代，当时的儿子娶了媳妇，当了爸爸。

有一天，儿媳妇气愤地说："爸爸，门口那块大石头，我越看越不顺眼，改天请人搬走好了。"

爸爸回答说："算了吧！那块大石头很重的，可以搬走的话在我小时候就搬走了，哪会让它留到现在啊？"

儿媳妇心里非常不是滋味，那块大石头不知道让她跌倒多少次了。

有一天早上，儿媳妇又被绊倒了一次，她忍无可忍，于是带着锄头来到石头旁。结果，她用锄头轻轻一撬，石头就松动了，再看看大小，这块石头没有想象的那么大，都是被那个巨大的外表蒙骗了。

只有行动才能改变事实。只说不做，石头还是原地不动，只有行动起来，才能解决问题。做了，你才会发现，原来问题没有想象中那么困难。

有这样一个人，在他的一生中遭受过两次惨痛的意外事故。第一次不幸发生在他46岁时。一次飞机意外事故，使他身上65%以上的皮肤都被烧坏了。在16次手术中，他的脸因植皮变成了大花脸。他的手指没有了，双腿特别细小，而且无法行动，只能瘫在轮椅上。谁能想到，6个月后，他又亲自驾驶着飞机飞上了蓝天！

四年后，不幸再一次降临到他的身上，他所驾驶的飞机在起飞时突然摔回跑道，他的12块脊椎骨全部被压得粉碎，腰部以下永久瘫痪。

但他没有把这些灾难当作自己消沉的理由，他说："我瘫痪之前可以做1万种事，现在我只能做9000种，我还可以把注意力和目光放在能做的9000种事上。我的人生遭受过两次重大的挫折，所以，我只能选择把行动和努力拿来作为自己排除不幸和缺陷的力量。"

这位生活的强者，就是米契尔。正因为他永不放弃努力，最终成为一位知名企业家和公众演说家，还在政坛上获得一席之地。

可见，在同样的环境、同样的条件下，不同的人，就会产生不同的结果。事在人为，只要去尝试了，就没有难事。是的，去做了虽然不一定能成功，但是你不去做，连成功的可能性都没有！一个真正热爱生活的人，只会马上去做自己想做的事，而不会去问该如何做，更不会给自己找借口推三阻四。

现实生活中很多事情都是这样，只要你去努力尝试了，你就会发现——原来这么简单！

心理解脱

地图再美也只是"纸上谈兵"。只有行动才能到达心中的目的地。只有行动起来，去亲身尝试一下，才知道很多事原来其实很简单。

2. 别把生活搞得太复杂

许多事，其实很简单，只是我们却把简单的事情复杂化了。

别把生活搞得太复杂，因为简单才会轻松，简单才会快乐。

某公司招聘一名经理助理，经过层层选拔最后只剩两个应聘者，招聘考官向他们两个问了一个最简单的问题，就是"1加1等于几？"

A说："可以等于2，也可以等于3，还可以等于10……只要你想让它等于几，它就等于几，完全控制在你自己的手里。"

B说："等于2"。

结果B被录取了。

其实，成功就这么简单。

张涛去一位朋友家做客，朋友出了一道考题："有四条小虫子排成一条直线往前走，排在最前面的虫子说它的后面有三条虫，排第二位的小虫说它的后面有两条虫，第三条虫子说它的后面有一条虫，而最末尾的一条虫子却说它的后面也有3条虫子。为什么？"

张涛想了半天，把以前回答脑筋急转弯的智慧都用上了，也想不出合理的答案，只好认输。

张涛问朋友答案，朋友笑着说："答案很简单，因为那最后一条虫子在撒谎。"

张涛恍然大悟：是啊，这么简单的道理，我怎么就没想到呢！容易的问题，我怎么还偏把它想复杂了。

朋友得意地说："这是给6岁孩子出的题目。几乎没有难住孩子们，却差不多难住了所有的大人。很多人都表示，自己想到过这个答案，但是觉得问题没这么简单，于是纷纷钻牛角尖……"

张涛听了有点羞愧，不由得回想起一件事情："记得我大学毕业后第一次去上班，到公司后，却发现怎么也推不开玻璃门。我憋足了劲用力推，还是不开。我很纳闷，这门没锁啊，怎么打不开呢。我想问问另外房间的同事，但是连个门都打不开，那人家怎么看我……正想着，一个同事路过，提醒我：这门是拉开的，不是推的。我当时难堪死了……这么简单的道理，我怎么就没想到呢？"

说完，张涛和朋友感慨不已，更多的是沉思。

当我们是孩子的时候，遇到类似 1 加 1 等于几这样的问题很快会给出答案。但是，随着年龄的增长，当我们拥有了丰富的知识和阅历后，我们反而变得茫然而无所适从了，对很简单的问题，总是想得那么复杂。

我们常常羡慕小孩子的单纯快乐和无忧无虑，而纳闷自己为什么总是郁郁寡欢。造成这种状况的，往往不是生活本身的问题，而是我们自己把生活复杂化了。在生活这件事上，我们这些自命不凡的成年人，往往还不如在我们眼里不屑一顾的"小屁孩"。

有这样一个故事：外国有一家杂志社悬赏一万美金向全球征集最佳答案：有一架直升机载着三个人，其中一个是美国著名的物理学家，另外两个分别是德国著名的生物学家和英国的作家。

直升机在穿越海峡的时候发生了意外，为了挽救飞机和生命，把损失降到最小，必须把一个人扔下去，那么应当把谁扔下去呢？

这件事引起全世界人民的极大兴趣，杂志社收到了来自各地的不同答案。人们各抒己见，侃侃而谈。但绝大多数都是从不同的方面论证他们各自的重要性，一时间谁也无法说服谁。公布结果的那天到了，奖金的得主竟是一个年仅八岁的小男孩，他的答案很简单：把那个最胖的扔下去！

很多事，其实并不复杂，就如同这个简单的答案一样。可是，如今的社会，复杂的人已经将简单的事复杂化了。

心理解脱

简单是一种平淡，却不是枯燥；简单是一种平凡，却不是平庸；简单是一种原汁原味的美。简单做人，洒脱自在。简单生活，逍遥一生。要得到内心的那份坦然和快乐，就从现在起，做一个简单的人，率性而为，永远保持着纯真和童心。

3. 摒弃生活中多余的东西

人的生命是有限的，摒弃生活中多余的东西，不应该让有限的生命虚掷于物欲和贪婪之中，简单地生活，才会轻松快乐！

这是一个物欲膨胀的年代，一个人贫穷就会被视为无能，所以，越来越多的人变得越来越贪婪。为此他们不得不丢掉心灵的宁静，而义无反顾地投入经济的浪潮里。为拥有一幢豪华别墅、一辆漂亮小汽车而加班加点地拼命工作，每天晚上疲惫地倒下；或者是为了一次小小的提升，而默默忍受上司苛刻的指责，并一年到头赔尽笑脸；为了无休无止的约会，精心装扮，强颜欢笑，到头来回家面对的只是一个孤独苍白的自己。我们真该问问自己，这些真的都是必需品吗？它们真的那么重要吗？

其实，我们应该活得简单一点，缩减一下无休止的欲望，摒除生活中那些多余的东西，给自己一点心情，去享受真正属于自己的生活。

爱琳·詹姆斯是美国倡导简单生活的专家。作为一个投资人、一个作家和一个地产投资顾问，在这个领域努力奋斗了十几年后，有一天，她坐在自己的写字桌旁，呆呆地望着写满密密麻麻事宜的日程安排表。突然，她认识到自己对这张令人发疯的日程表再也无法忍受下去了。自己的生活已经变得太复杂了，用这么多乱七八糟的东西来塞满自己清醒的每一分钟简直就是一种疯狂愚蠢的尝试。

就在这一刻，她做出了决定：她要开始简单地生活。她着手开始列出一个清单，把需要从她的生活中删除的事情都列出来。然后，她采取了一系列"大胆的"行动。首先，她取消了所有预约电话。其次，她停止了预定的杂志，并把堆积在桌子上的所有没有读过的杂志都清除掉。她注销了一些信用卡，以减少每个月收到的账单函件。通过改变日常生活和工作习惯，使得她的房间和草坪变得更加整洁。她的整个简化清单包括80多项内容。

许多人由于虚荣心太强，总是把拥有财富的多少、外表形象的好坏看得过于重要，用金钱、精力和时间换取一种有目共睹的优越生活，却没有察觉自己的内心在一天天枯萎。事实上只有真实的自我才能让人真正地容光焕发，当你只为内在的自己而活，而不在乎外在的虚荣，幸福感才会润泽你干枯的心灵，就如同雨露滋润干涸的土地。

事实证明，当我们需求得越少，得到的自由就越多。正如梭罗所说："大多数豪华的生活以及许多所谓的舒适的生活，不仅不是必不可少的，反而是人类进步的障碍，对于豪华和舒适，有识之士更愿过比穷人还要简单和粗陋的生活。"

为了追求更富裕的物质生活，我们每天都在不停地与时间赛跑，与自己赛跑，结果我们买了大的房子，买了高级轿车，可是却失去了最纯真的快乐。在这个物欲横流的社会，我们总是担心如果我们不去做，就会失去什么东西。是的，我们的确会失去什么东西，但是这有什么不好呢？重要的是我们还活着，不仅仅是活着，而是活得更潇洒了，因为我们不用总是试图去做所有的事情，去替所有人考虑，更不会沦为房奴、车奴。

看看那些对人类的艺术领域、音乐领域、科学领域作出过卓越贡献的人，毕加索、莫扎特、爱因斯坦这些人都生活得极为简单。他们全神贯注于自己的主要领域，挖掘内在的创造源泉，获得了丰富精彩的人生。

如今，简单主义正在成为一种新兴的生活主张。因为大多数的生活，以及许多所谓的舒适生活，不仅不是必不可少的，而且是人类进步的障碍和历史的悲哀。所以，对于那些明智的人，他们宁愿放弃奢华的生活，而选择另一种简单而且真实的生活方式。

斯迪芬在她所在的社区的一次停电中，发现了简单生活的妙处。在那次意外的停电中，斯迪芬和她的家人，对科技强加的黑暗中的秘密十分感兴趣：不仅有神奇的萤火虫，还有城市的静寂、久违的家庭温馨和邻里的关怀。

其实，在离他们不远的地方，已经有些人选择了"无电源插头"的生活。

那么为什么要选择无电生活呢？最大的一个好处是：孩子们可以在无电视的环境里成长。没有暴力，没有商业行为，没有电子游戏。孩子们读书、爬树、在河里游泳……总之，他们像健康的小动物一样成长。其实，他们本来就应该是这样的。

另外一个好处就是经济、省钱。人们不用月月缴纳电费、有线电视费以及各种网络有偿服务的费用，甚至不必受到电视广告的蛊惑而增加不必要的消费。

当然，一个清洁工和一个公司总裁同样可以选择过简单的生活，一个隐居者和一个百万富翁如果都认同简单的做法，他们同样可以更充分地汲取生活的营养，然后快乐终生。

曾经是歌手也是九歌儿童剧团团长的邓志浩夫妇，因为向往田园生活而在山中筑屋而居。其实，并不是想鼓励大家都搬到山上去住，而是重新看清楚自己要的是什么。赚钱的本身没有错，但是永远无法满足的物质欲望却像是一个无底洞，唯有金钱和精神平衡才是圆满的，我们永远不要陷在物质的深渊中不可自拔。

"简单"的关键是你自己的选择和内心感受。就像素食主义只是简单主义者的一种选择，但并非简单生活的实质。简单其实是一种全新的生活哲学。当你用一种新的视野观看生活、对待生活时，你会发现许多简单的东西才是最美的，而许多美的东西正是那些最简单的事物。

心理解脱

摒弃那些多余的东西，不要让自己迷失方向，多一份舒畅、少一份焦虑；多一份真实、少一份虚假；多一份快乐、少一份悲伤，这就是简单生活所追求的终极目标。

4. 简简单单生活

> 简单生活并不一定是物质的匮乏，但它一定是精神的自在；
> 简单生活也不是无所事事，但却是心灵的单纯。

我们时常抱怨每天的生活平淡乏味，其实，这不过是发现了一个真理——生活原本就是平淡无奇的。人的生活之所以会有所不同，当然是由于诸种因素的影响有所不同，但从根本上说是由于存在不同的心态。

英国历史上最有名的寿星之一托玛斯·帕尔。他88岁时第一次结婚，122岁时第二次结婚，145岁时还能跑步，给谷子脱粒，几乎能完成所有的体力劳动。他的传记作者对他的死感到非常遗憾，"如果按原来的方式生活下去，那么一切都将不一样。"

传记作者写道："他死亡的原因主要归于食物和空气状况的改变。他从空气清新的乡下到了那时空气已经相当污浊的伦敦。在长年累月吃粗茶淡饭的情况下，他被带进了一个生活奢华的家庭，人们鼓励他吃好的饭菜，喝大量美酒，误认为这样能改善他的健康状况，延长他的寿命。结果，他的身体自然功能严重超载，而且身体的本来习惯全被弄得紊乱了，所有这样造成的结果加速了他的死亡。假如没有发生上述改变，按照他自己的身体系统本来还能生活许多年。他死于1635年，享年152岁。"

其实，生活中有很多简单的事情都让我们复杂化了。过简单的生活，正是健康的秘诀之一。一个人如果时常追求复杂而奢侈的生活，则苦难没有尽头，不仅贪欲无度，烦恼缠身，而且日夜不宁，心无快乐。因为复杂，往往浪费了宝贵的时间；因为奢侈，极有可能断送美好的人生；因为简洁，每每能找到生活的快乐。

简单应该成为我们每一个人生活的准则。因为在人生道路上，唯有奉行简单的准则，才有可能避免陷入阻碍我们成熟的岔路，陷入歧途。

有个打鱼的人，他每天只打一尾鱼，那尾鱼刚好可以换他一天的食物、水和烟。然后他就躺在沙滩上晒太阳，望着蓝天白云抽烟，悠闲自在。这时来了一个商人，对他说："老兄，我觉得你应该打更多的鱼，然后把它们卖掉，等攒够一定数量的钱后就买一艘船，再开着船到处做买卖……""然后呢？"那人问商人。"然后就能赚很多很多的钱，就可以每天到海边晒太阳，听海……""可是我现在不正在晒太阳、听海吗？"那人回答说，"更重要的是等我做够了那些事，赚到了足够的钱，也许我已经没有时间来晒太阳听海了……"

可见世界上没有复杂的事情，只有复杂的心灵和黑洞般没有边际不知深浅的欲望。这就像一棵树，细看来是许多的枝，再看是无数的叶，再看，是数不清的细胞。其实，它只是一棵树，一棵树而已。一切问题都是可以化为简单的，正如计算机里所有问题都只有两个答案：是或者不是。

一天深夜，有一男士从睡梦中醒来，迷迷糊糊地向楼道里的厕所走去。

在拐角处，他看到一个人：阴郁的面孔、蓬乱的长发，带着一丝惊疑不安的神色。

于是，他停止了脚步，那人也停止了脚步。他向左走了一步，打算让开那个人，结果那个人也向左边走去。就这样，他在不停地躲闪，那人也在不停地躲闪，就这样互相让着，结果谁也没有让开谁。

这位男士决定结束这种无止无休的躲闪，转身而去，结果那人也露出了同样的企图，也匆忙离去……

第二天，他依然有些惊恐，当他走过楼道，却在拐角处看到有一面镜子静静地立在那里。

这位男士恍然大悟，原来昨夜拦住他去路的刁难者竟然是他自己。

人们往往把好多简单的事情想象得太复杂，自己在万千的愁绪中作茧自缚，自我毁灭。

若想活得快乐，就不要怀着太多的欲望与渴求。不奢求华屋美厦，不垂涎山珍海味，不追时髦，不扮贵人相，过一种简朴素净的生活。一种外在的财富也许不如人，但内心充实富有的生活，这是自然的生活，有劳有逸，有工作着的乐趣，也有与家人共享天伦的温馨、自由活动的闲暇。

轻松快乐是一种心境。怎样活着，才更轻松呢？许多人在生活的重压下，不知该如何寻求解脱，于是，有的人为逃避现实的烦恼，遁入空门，有的人借酒消愁愁更愁。其实，轻松生活很容易，只要珍惜眼前，简单就轻松。

简单是一种积极、乐观、向上的生活态度。对就对了，错就错了；爱就爱了，恨就恨了；笑就笑了，哭就哭了。哪有那么多麻烦、计较和周折，又哪容你翻来覆去地随意更改。生命太短暂，一生不过短短数十年，哪经得起那么多无谓的折腾。

简单就是要学会舍弃。这也要那也想，须知我们的双肩载不动那么多的金钱、名誉、地位、情感、哀愁和怨恨。干脆地舍弃吧，轻轻松松地上路。多一些时间来听花开花谢，多一些时间来关照日升日落，多一些时间来走向你心中的远方。

简单是一种速度。丢开一切束缚我们心灵和思维的桎梏，更不要让世俗的网于无形中把你拉扯得身心俱疲，憔悴不堪。以一种快刀斩乱麻的方式，三下五除二地去做吧！

心理解脱

生活、工作和学习中的很多事情都很简单，大可不必费九牛二虎之力去伤透脑筋。简单意味着摆脱心灵的污染，简单意味着只确立一个目标，更意味着你从此不再怨天尤人，开始去努力做一切你力所能及的事。

5. 简单平凡就是快乐

　　最平凡的生活就是最幸福的人生，生活因简单而无扰，因平凡而快乐。

　　生命之舟需要轻载，一个人如果欲望太多，此人的一生就会背负沉重的枷锁。平凡是人生的最高追求，简单才会轻松。

　　新创刊的《漫画周刊》为了尽快扩大读者群体，提高发行量，该刊物的负责人推出了一个大胆的创意，即在该刊物上开展一项"征画活动"，要求应征作品以"如果世界末日到来你要做什么"为主题。

　　在规定的日期内，来自全国各地的作品堆积如山。大多数参赛人的目的只是为了赢得这场比赛，获取高额的奖金。在众多作品中，每位应征者都将想象力发挥到了极致，有的画中描述了一对情侣，他们在世界的最后时刻互相拥抱在一起，一边喝酒一边接吻；有的描绘的是一些白领人士在世界的最后时刻坐在马路上焚烧钞票；有的充分发挥想象力，在世界的最后时刻乘上宇宙飞船逃往其他星球。

　　在堆积如山的作品中，最后获得 10 万美金的却是一位残疾女孩的一幅素描画，她在画中为人们展现出的是一个和谐的家庭：妻子在厨房里洗碗筷，丈夫则坐在沙发上看报，两个小男孩正坐在地板上摆弄着积木。

　　评委们一致认为这幅画是这次"征画活动"的最后胜出者。因为，这幅画蕴涵着平凡简单却真实而意味深远的意义。

　　也许你会认为，这样一个平凡的家庭我们随时可见，但是，假设明天是世界末日，许多人将不会如此镇定自如。消极懒散、怨天尤人、哭天喊地是大多数人的表现。事实上，当你能泰然面对世界末日时，你就达到了人生的最高追求——平凡。

纷繁的乱世中，许多人都在追求不平凡的生活，认为那才是实现自身价值的唯一方式，拥有高档的车子、豪华的房子、漂亮的妻子才是生活的目的。其实拥有这种想法的人错了，真正懂得生命意义的是那些追求平凡生活的人。

一位教育学家曾揭示了幸福的真正含义，他是这样寻找幸福的：

首先，从知识中寻找幸福，他认为知识可以给他带来他想得到的幸福，结果希望破灭了，他得到的只是幻灭。

其次，从旅行中找幸福，他认为旅行可以扩大视野，增长见识，可是希望再次破灭，他得到的只是疲倦。

再次，他打算从财富里找幸福，认为只要有足够的钱就可以享受幸福的生活，可是财富并没有使他感到幸福，反而让他尝尽争斗与忧愁的苦恼。

最后，他决定在写作中找幸福，他认为写作可以陶冶人的情操，使生活变得充实，结果得到的只是劳累。

他试用了很多方法，可都是徒劳的，直到他打算放弃的时候，他发现了幸福的真正含义。

有一天，他在火车站看见一位少妇，抱着一个熟睡的婴儿坐在一辆小汽车里。这时，一位中年男子从刚进站的火车上走下来，径直来到汽车旁边。他深深吻了一下妻子，又在婴儿的额头上落下轻轻的一个吻，生怕惊醒婴儿。然后，一家人开车离去了。

看到这一幕后，这位教育家恍然大悟，原来幸福是如此简单。平凡的生活就是人生最大的幸福。生活虽然简单，但是点点滴滴都是幸福的见证。

心理解脱

幸福、快乐随处皆是，关键看你是否懂得寻找。用一颗平凡简单的心去体会生活，就会发现，生活中的好多角落里都充满了幸福与快乐。

十六、有一种境界叫弯曲

　　弯曲不是曲意逢迎，辱没人格，弯曲是一种境界。人生坎坷，难免直面矮檐，遭遇逼仄。弯曲，就是在生命不堪重负的情况下，效仿雪松柔韧的品格，适时适度地低一下头，躬一下腰，抖落多余的沉重，以求走出屋檐而步入华堂，避开逼仄而迈向辽阔，唯有如此，人生之旅方可伸缩自如，游刃有余，步履稳健，一路走好。做人能懂得弯曲并敢于弯曲，是一种本领，更是一种大智慧。不会弯曲能做人，学会弯曲做能人。我们当师法雪松敢于弯曲的精神，以期让自己活得更精彩，更成功！

1. 人生的三境界

人本是人，不必刻意去做人；世本是世，无须精心去处世；便也是真正的做人与处世了。

人生有三重境界，这三重境界可以用一段充满禅机的语言来说明，这段语言便是：看山是山，看水是水；看山不是山，看水不是水；看山还是山，看水还是水。

"看山是山，看水是水。"它的意思是说一个人的人生之初非常单纯，初识世界，一切都是新鲜的，眼睛看见什么就是什么，人家告诉他这是山，他就认识了山，告诉他这是水，他就认识了水。

"看山不是山，看水不是水。"它的意思是随着年龄渐长，经历的世事渐多，就发现这个世界的问题了。这个世界问题越来越多，越来越复杂，进入这个阶段，人是激情的，不平的，忧虑的，疑问的，警惕的，复杂的。人不愿意再轻易地相信什么。人在这个时候看山也感慨，看水也叹息，借古讽今，指桑骂槐。山自然不再是单纯的山，水自然不再是单纯的水。一切的一切都是人的主观意志的载体，所谓好风凭借力，送我上青云。倘若留在人生的这一阶段，那就苦了这条性命了。人就会这山望着那山高，不停地攀登，争强好胜，与人比较，怎么做人，如何处世。绞尽脑汁，机关算尽，永无满足的一天。因为这个世界原本就是一个圆的，人外还有人，天外还有天，循环往复，绿水长流。而人的生命是短暂的有限的，哪里能够去与永恒和无限计较呢？

"看山还是山，看水还是水。"这是针对那些走过人生半辈子或经历太多事件的人而言，在经历了种种事件，看过了形形色色的人或事，有了一种曾经沧海的感觉，茅塞顿开，回归自然。也许经历了太多，人的境界也高了，不再会为无谓的事或无伤大雅或不可能实现的事而伤脑费神。任你红尘滚滚，我自清风朗月。面对芜杂世俗之事，一笑了之，这个时候的人看山又是山，看水又是水了。他们更明白，更懂得，以一颗平常心来看待事物，明白如果跳出是非圈子，以观棋者、看戏人的角度来看事物，也许事情会简单许多，正如苏轼所言："不识庐山真面目，只缘身在此山中。"王国维所道"众里寻她千百度，蓦然回首，那人却在灯火阑珊处"！人们都希望能到达人生的最高境界，即这第三境界，体味那战胜自我，超越极限后一览众山小的胜利感，然而在这自我提炼、自我实现的过程中，许多优秀的品质都是不可或缺的。

许多人到了人生的第二重境界就到了人生的终点。追求一生，劳碌一生，心高气傲一生，最后发现自己并没有达到自己的理想，于是抱恨终生。但是有一些人通过自己的修炼，终于把自己提升到了第三重人生境界，茅塞顿开，回归自然。人在这时候便会专心致志做自己应该做的事情，不与旁人有任何计较。

在悠悠岁月中，我们都是匆匆过客，所有的故事都没有结果而结束，我们只有从容走过，无须彷徨，无须犹豫，无须茫然。我们应当往第三重境界发展，这才是人的最高境界，"宠辱不惊，看庭前花开花落；去留无意，任天外云卷云舒。"人从烦恼和执著中来，应到无烦恼无执著处去。其实凡事看开一些，未必不是一件好事，"人生如戏"，"戏如人生"，"人生如棋"，"棋如人生"，不正说明了人应当做看戏者，观棋者吗。也许别人是对的，但我们也没有错，很多事情都无法挽回，再伟大的事情最终也成云烟，所有疯狂之后总归于平静，我们除了平静又能怎样呢？我们唯一能做的，就是坦然面对一切，平静珍惜一切。只有这样，才能更好地面对人生的大起大落，看透秋云春梦，接受世事无常。正如徐志摩《再别康桥》的人生境界："悄悄的我走了，正如我悄悄的来，我挥一挥衣袖，不带走一片云彩。"

心理解脱

任你红尘滚滚，我自清风朗月。面对芜杂世俗之事，一笑了之，这个时候的人看山又是山，看水又是水了。

2. 退一步海阔天空

忍是一种心灵的至高境界，"忍一时风平浪静，退一步海阔天空"。能忍就要忍，一忍得到千般安。

　　隐忍和退让能让自己受益。但在现实生活中，很多人不愿意忍，不乐意让，因为在他们看来，"忍"和"让"是怯懦、无能的表现。因此，遇事非得争个高低、曲直，一副不争"赢"不撒手的架势。殊不知，正是由于不知退一步，因此常把小事闹大，直到收不了场后，才后悔，可此时一切都已晚了。夫妻之间的吵架也是如此，起因往往是一些微不足道的小事，对方只是有些小过错，可另一方得理不让人！不依不饶，由此，一场家庭"战争"便爆发了。

　　有这样一对夫妻：

　　星期天，妻子阿娇和丈夫都在家，由于面临着下岗的压力，丈夫最近的情绪比较低落。阿娇一上午忙着打扫房间，收拾家具，她知道丈夫最近不顺心，也就没要他帮着做家务。

　　阿娇在收拾桌子的时候，一不小心把丈夫放在上面的咖啡杯碰掉地上摔碎了。偏偏事有凑巧，就在昨天，阿娇刚打烂了一个杯子，没想到今天又打烂了一个。这套咖啡杯是丈夫一位同事从巴黎回来送他的，做工非常精致，丈夫很珍爱，时常一边把玩，一边赞叹这套咖啡杯"确非寻常俗物"。平时丈夫几乎舍不得使用，就是怕被摔烂了，最近由于心境不佳，才拿出来独自享用的。没想到让妻子两天打烂了两个，丈夫当时脸就变色了，他愤怒地朝阿娇吼叫起来。

　　阿娇的火气也一下子上来了："不就是两个杯子吗，看你心疼的，好像我连两个杯子都不值。不要在外面受了气，回来整天把脸色给我看，拿老婆当出气筒算什么英雄好汉，再威风也威风不到哪儿去。要真有本事，也不至于把两个破杯子看得比老婆还宝贝！"

这下子可算捅了马蜂窝，本来工作中的麻烦早就令他感到痛苦和沮丧，妻子的一番嘲讽挖苦使他觉得这个家也没有什么值得珍惜的了："我就是没本事，你看着办吧。外面有本事的男人多得是，遗憾的是你没那享福的命，只好找我这个没本事的男人做丈夫。"

阿娇也不甘示弱："那也说不准，指不定哪天我就找一个有本事的男人给你看看。"

随着情绪的失控，双方偏离了夫妻之间交谈的正常轨迹，也偏离了就事论事的原则。

丈夫抄起茶几上的水瓶奋力一摔，阿娇觉得心都快碎了，她在绝望中毫无理智地哭骂："摔吧！有种的把东西都摔光！"

此时，丈夫已经彻底失去了控制，疯狂的冲动在阿娇的骂声中变成了最后的绝望，正在气头上的夫妻，几乎很少有人能在这关键时刻保持哪怕一丝一毫的冷静，更不用说有一方主动让步了。

当阿娇明白过来的时候已经晚了，丈夫顺手抄起一只哑铃击碎了刚买不到一年的电视机。

这种类型的吵架。在夫妻战争中最普遍，由于其心理动机的隐蔽性，往往具有突然发生的特点。工作中的麻烦导致的情绪低落是这场战争的潜在心理因素，以妻子打烂了一个杯子为心理张力寻找了一个灾难性的突破口。在阿娇看来，自己做得够好的了，丈夫不但不领情，反而因为一个杯子而责怪自己，于是反感情绪立即被点燃。双方的争吵由杯子转移到相互攻击，夫妻战争的升级是不可避免的，最终的后果是双方都难以预料的。

唯一可以避免灾难性后果的条件是：必须有一方主动退让。

当丈夫责怪阿娇的时候，阿娇主动退让的话，丈夫立即就会觉得这样对待妻子是不公平的，会觉得内疚和后悔。同样，当妻子埋怨时，丈夫主动退让的话，妻子就会体谅到：丈夫的心境不太好，我应该理解他，甚至为自己不小心打烂了杯子增添了丈夫的烦恼而感到自责。

这种因小问题而导致激烈冲突的情形，并非只发生在夫妻之间。很多小事却最终发展成悲剧性结果的事情，在生活中是很普遍的。

在生活中碰到类似情况，对方正在气头上，声音高点，话难听点，我们应该保持冷静、退让，而不应火上浇油。切记：万事忍为高。

当我们遇到不愉快的事情时，不要让烦恼冲昏了头脑，占据自己的心灵。忍一忍也许事情就过去了，一定要保持冷静的心态去处理。当我们平静之后再去回想过去的所作所为，也许会欣慰地说："幸亏我退了一步，前进就是万丈深渊。"

3. 以方做事，以圆做人

待人圆，处处得心应手；做事方，就会与人为善。

铜钱的内方外圆就是中国辩证哲学的集中体现，做事要方，做人要圆。

人活在世上，无非是面对两大世界，身外的大千世界和自己的内心世界。人，一辈子无非是做两件——做事和做人。怎么做事和怎么做人？从古到今都是人类探讨的课题。多少人一辈子都在哀叹做人难，难做人，人难做，但一枚小小的铜钱却将一切变得那样简洁，那样明白。

做事要方就是说做事要遵循规矩，遵循法则，绝不可乱来，绝不可越雷池一步，这个理在中国好像已流传了上千年。中国人常说的"没有规矩不成方圆"、"有所不为才能有所为"，就是"方"这个道理。

为商要奉行的金科玉律是一个"诚"字。真正的大商人必是以诚行天下，以诚求发展，绝不行狡诈、欺骗之伎俩，为一些蝇头小利或眼前得失而失信于人。像韩国因商业楼倒塌而产生的震惊世界的惨案，便是因为韩国的建筑承包商在建造大楼时偷工减料。

做学问信奉的是一个"实"字。一步一个脚印，一天一点长进方能积少成多，积薄成厚。那些虚假的沽名钓誉之辈终将会成为人类的笑柄。

古人曾经说过："天下有受饥饿的人，如同自己受到饥饿；天下有落水的人，如同自己落水。"这就能看出他的伟大，就能看出他的仁德如同天地。然而，现在就是朋友兄弟有受饥饿的人，也看作是过路人的饥饿；朋友兄弟有落水的人，也看作是过路人落水，也不想给予一点粮食帮助他，伸出一只手拉他一把，只是对自己的功利才动心、才动手。名节以立，羽毛以惜，力量以珍。凡是有利于自己的，就是辱身屈膝也可以；只要对我没有利的事，就熟视无睹。像这样的人能成大功、立大业吗？自古以来，从来没有。不是为自己而是为大家，不是爱自己而是爱人类，这是圣人的观念。

───────── 心理解脱 ─────────

　　孔子说，讨厌他人，本来是讨厌自己；想责求他人，就应该责求自己。好人之所以好，进而跟随他的好；恶人之所以恶，进而除去他的恶；想人之所想，进而成就他的想，这就是千古以来处世的妙理。

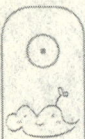

4. 难得糊涂，智者的法门

小事糊涂者，轻权势、少功利、无烦恼，则终成正果；大事糊涂者，则朽木不可雕也。

郑板桥曾经说过"难得糊涂"四个字，但真正理解其含义的，又有几人呢？

当初郑板桥为官之时，将官场、世事看得太清楚、太明白、太透彻而又无以为释之时，又因其性情刚直，不谄媚、不圆滑，而不平不公之事太多，凭一己之力却又无能为力的时候，只好在"糊涂"之中寻求遁世之术。

如今，每个人都希望自己聪明越好，越聪明越显示自己为人处世的高明。可是，任何事情都不是绝对的，聪明过头，并非是件好事。王熙凤不是机关算尽太聪明，反误了卿卿性命吗？看来一个人还是别过于精明，知道得太多，事事计较，反而会让人伤神。

聪明又可分为大聪明与小聪明，糊涂亦有真糊涂、假糊涂之别。

杨修是公认的聪明人，曹操也非常赞赏他的才智，可杨修不聪明的地方，就是老想卖弄自己的聪明，而且卖弄到了曹操头上，曹操写了一合酥，他就说这是丞相赐给大家的，"一合"分明就是一人一口，大家一人一口把它分吃了。曹操在门上写了个活字，他就说丞相嫌门阔，把它拆了。

曹操说今夜的口令是鸡肋，他就说丞相想撤兵了，叫大家打好背包。他把曹操的心思都猜透了，曹操岂能容他，所以就借扰乱军心之名，把他杀了，杨修看似聪明，其实是糊涂。刘备比起杨修要聪明得多，他在曹操那儿，浇地种菜，装出什么也不知道的糊涂样子，曹操对他说："天下英雄惟使君与操耳！"他吓得连筷子都掉在地上，像曹操这样精明的人，竟然也没有分清他是真糊涂还是假糊涂，可见刘备才算得上是真聪明。其实假糊涂才是真聪明，聪明过了头就是真糊涂了，这就是常说的"聪明反被聪明误"。

糊涂难，指的就是假装糊涂难，特别是由聪明进入糊涂更难，你想你若是把什么事都看得清清楚楚，却要装成什么也不知道的傻子，说违心的话，做违心的事。要是没有很深的城府，或是没有特别的目的，该是多么痛苦的事。把"难得糊涂"当作座右铭的人，如果他不是看破红尘，那一定是个有着很深心机的人，千万别被他糊涂的假象所迷惑。

有些人表现得精明过人，遇事专爱和人较真儿。但这种人往往"聪明反被聪明误"，难以成事。这种人并非真的聪明，只不过是自作聪明。所以做人不妨装装糊涂耍耍滑头，也许事情反倒会办得圆满些。

有个爱缠人的先生盯着小仲马问："您最近在做些什么？"

小仲马平静地答道："难道您没看见？我正在蓄络腮胡子？"

胡子是自然生长出来的，小仲马故意把它当作极重要的事情，显然与问话目的不相符合。小仲马表面上好像是在回答那先生，其实并没给他什么有用信息。小仲马自然是懂得对方问话意思的，但他偏要答非所问，用幽默暗示那人：不要再继续纠缠。

倘若一个人如果过分认真，那么必将一事无成。相反，一个人在待人处世中装得迟钝一点、傻一点、糊涂一点，往往比过于敏感更有利。

第二次世界大战中，美国小罗奇福特领导的一个小组，中途岛之战前成功地破译了日本人的密码，得到了日军海上作战部署的确切情报，并有针对性地进行了作战准备。

谁知，就在这个节骨眼上，嗅觉灵敏的一名新闻记者得到了这一绝密情报，竟然不知天高地厚作为独家新闻在芝加哥一家报纸上给捅了出来。这样一来，随时都可能引起日本人的警觉而更换密码和调整作战部署。

发生了如此严重泄露国家战时情报的事件，作为美国战时总统的罗斯福却对此置若罔闻，既没有过多的责备和追查，也没有兴师问罪，更没有因此而调整军事部署，而是装作一概不知的糊涂样子。结果事情很快就烟消云散了，就像什么事也没发生一样，根本没有引起日本情报部门的重视。在中途岛战役中，美军靠"糊涂"得到了大便宜。

糊涂是一个人成功的技巧，当然这是指小事情的小糊涂。如果一切皆明白于心，恐怕会心生烦乱，干扰工作。其实，巧妙地装糊涂更是一种真聪明，显示出智慧，不但给各种烦杂的事情涂上润滑油，使得其顺利运转，也能在生活中充满笑声，显得轻松明快；相反，老实认真只会导致木呆刻板，甚至使事情陷入僵局。

俗话说，真正聪明的人，往往聪明得让人不以为其聪明。这句话的本意不也就是难得糊涂的内涵吗？聪明的人表面愚拙、糊涂，实则内心清楚明白，这不是一种更为高明的处世艺术吗？

"糊涂"常可使我们心境平静，无欲无贪，正如"值利害得失之会，不可太分明，太分明则起趋避之私"一样。没学"糊涂"学之人终于在凡尘世中不得安宁矣。

心理解脱

在瞬息万变的现代社会中，许多事情非要寻出个究竟，有时也是不现实的，倒不如多一点"糊涂"，少一点执拗，何尝不是另一番开朗、超脱的生活风光呢？

5. 忍让也是一种境界

　　忍让是种宽广的胸怀，一种雅量和美德，更是一种人生大智体现。

　　记得古代有位名贤，族人与邻里因墙界纠纷互不相让，写信向他诉说求助。他不以身居高位而仗势欺人，反而复函族人劝喻："千里修书只为墙，让他三尺又何妨？"从而化怨为睦，成为美谈。

　　在人际关系中，还有不少类似的语言，如："忍一时风平浪静，退一步海阔天空"，"门前留三尺好走路，身后留三尺好退步"，"己所不欲，勿施于人"等等。这里，忍让不是软弱或无理，而是一种顾全大局、维护和谐和高尚品德。《将相和》中蔺相如便是榜样。

　　当你手握足以置人哑口无言的权柄，身处令人赞不绝耳的高位，而面对尖锐的批评逆语，你是否能够做到不怒目横扫、暴跳如雷呢？

　　《尚书》说："必定要有容纳的雅量，道德才会广大；一定要能忍辱，事情才能办得好！"如果遇到一点点不如意，便立刻勃然大怒；遇到一件不称心的事情，立即气愤感慨，这表示没有涵养的力量，同时也是浅薄的人。所以说："发觉别人的奸诈，而不说出口，有无限的余味！"

　　应该承认，有些高贵品格是普通人毕生企望但仍根本不可能达到的；可人的雅量却是完全能够通过修炼而得到甚至可做到"随心所欲"的。不信？只要自己有意识地试一试就行。

　　人在生活中难免与自己十分讨厌的人偶然狭路相逢，尽管有人可以装作很随便的样子，竭力扮潇洒样扬长而去。但很多有雅量的人不会那样去做，而是没有丝毫装模作样地缓缓笑迎着对方漠然的脸孔和布满疑惑的眼神，坦然地挨肩而过。这些人轻松地抹去了粗鲁的伤害与侮辱的阴影，用友好的阳光装满了雅量的酒杯。小抿一口，自是清香浓烈。当不期而遇的挫折、误解、嘲笑等迎面而来时，相信并依靠自己的雅量吧，它是驱逐并能够战胜这一切烦恼和痛苦的忠实朋友。

忍让不仅仅是一种雅量，更是一种智慧。

唐朝著名开国功臣李靖，曾任隋炀帝的郡丞，他最早发现李渊有造反图谋天下之心，就向隋炀帝参奏揭发。李渊灭隋后想起此事，欲杀之而后快。李世民认定李靖有才，再三请求留他一命。后来，李靖驰骋疆场，攻伐征战，安邦定国，为唐王朝的建立立下了赫赫战功。

在宛城之战中，大将典韦为救曹操，力战群敌，身负重伤，悲壮地死去。曹操长子曹昂、侄子曹安民在战斗中丧命，他自己也被暗箭射中，败局可谓惨不忍睹。因此，他与对手张绣可以说是仇深似海。但当张绣经贾诩劝导投奔曹操时，曹操拉着他的手："不要把以前的怨隙记在心上。"谈笑之间泯恩仇。曹操不但没杀张绣，反而拜他为扬武将军，并与之结为儿女亲家。张绣在曹操的感召下竭心效力，为曹操打败袁绍统一北方立下了汗马功劳。

李世民打败定扬可汗刘武周后，刘的将领尉迟敬德、寻相等都投降了。没多久，寻相等人又叛变逃跑了。所以李世民的部将们怀疑尉迟敬德，把他关了起来。

李世民说："尉迟敬德如果要叛变，难道还会在寻相之后吗？"他不相信尉迟敬德会叛变，就叫人把他放了，并且给他很多金子，对他说："男子汉大丈夫看重情义，希望你不要把小小委屈放在心上，我绝不会相信谗言而加害忠良之人的，你应该理解我。如果你一定想走，就拿这些金子做盘缠去，略表我们这段时间共事的情谊吧！"

就在当天，李世民外出打猎，只带了少数人马，不料遇上另一个对手郑王王世充率领的万余兵马，被团团包围了。郑王手下大将单雄信举起武器直奔李世民。在这危急时刻，尉迟敬德飞马而出，扬鞭把单雄信打落马下，保护李世民突出重围。李世民问尉迟敬德："您为什么要这么做？"尉迟说："这是我报答您对我的信任啊！"

张伯伦在担任英首相期间曾再三阻碍丘吉尔进入内阁，他们政见非常不和，特别是在对外政策上存在很大的分歧。后来张伯伦在对政府的信任投票中惨败，社会舆论赞成丘吉尔领导政府。出人意料的是，丘吉尔在组建政府过程中，坚持让张伯伦担任下院领袖兼枢密院院长。他认识到保守党在下院占绝大多数席位，张伯伦是他们的领袖，在自己对他们进行了多年的批评和严厉的谴责之后，取张伯伦而代之，会令他们许多人感到不愉快的。为了国家的最高利益，丘吉尔决定留用张伯伦，以赢得这些人的支持。

后来的事实证明，丘吉尔的决策非常英明。当张伯伦意识到自己的绥靖政策给国家带来巨大灾难时，他并没有利用自己在保守党的领袖地位刁难丘吉尔，而是以反法西斯的大局为重，竭尽全力做好自己分内之事，对丘吉尔起到了极大的配合作用。

"容人之仇"的感召力和震撼力之强大，非一般策略所能及。它往往能激发对方的感恩之心和内在潜力，不但死心塌地而且还非常卖力为自己效劳。

让人不是怕人，而是一种风度和境界。

宽容能使人性情和蔼，使心灵有转折退让的余地，能化干戈为玉帛，能简化复杂的人际关系。过分精明等于不超脱。事事好强，处处计较得失，活得必然紧张、沉重。

宽容不是软弱，而是理解人，有爱心的表现。有旷达心胸的人，不把宽容看成是忍辱负重，而是看成美德和幸福。爱，对众人的爱，对民族的爱，对国家的爱，是人类最美好的情操，修养的最高境界。古训说："仁者无敌。"

宽容是一把解冰的火，一缕化冰的风，它能化解心头的所有仇恨；宽容是一片明媚的阳光，一掬甘甜的泉水，一缕清新的空气，它能抚平受伤的心灵；宽容是一种美德，它能折射出一个人高尚的情操；宽容也是一种慷慨，在给予中获得幸福。

退一步海阔天空，进一步绝壁悬崖；让三分风平浪静，争一时人仰马翻。

懂得宽容，你会把冰冷的拳头变为温暖的手，学会宽容你会把抽人的皮鞭变成救人的绳索。学会宽容就学会了生活。

心理解脱

生活中，当我们受到别人的伤害或羞辱的时候，我们应该保持一种冷静的思维态度，"以忍为先"实乃上策，忍者为王，忍让是一种处世态度，更是人生的一种至高境界。

十七、阳光心态

　　心态对一个人的生活、工作等起着十分重要的作用。阳光心态是一个人愉快生活的保证。所谓阳光心态就是平常、积极、知足、感恩、达观的一种心智模式，能够让我们带着好心情去创造成功、体验过程。心态决定命运。好的心态有助于成功，差的心态可以毁灭自己。因此，不论是对待生活还是工作，我们都要用阳光的心态对待身边的所有人和事，不管是顺境还是逆境，都要保持一个良好的心态，这样才会使我们的生活更加幸福，心情更加愉悦。

1. 心态决定命运

你的态度是你生命中唯一能主宰的，它完全受你的控制。当你把积极的心态调向所做的事，你就控制了这件事中可能发生的事。

有一位老者，一只眼睛失明，另一只眼睛的视力也仅有 0.1，胃切除三分之一，还有糖尿病，心脏也不好。然而，老人并没被这些病痛压倒，也未因此而颓丧，依然每日里快快乐乐地生活着。

老人何以能够面对这种不幸而快乐地生活每一天？有人向老人询问，老人的回答让所有的人都深受启迪并对其油然而生敬意。

老人说："每天面向太阳，你就不会陷在阴影里。"

是的，每个人都会有生活中的"阴影"。这"阴影"如影相随，时时在搅扰着你，困惑着你。你如果陷在"阴影"中不能自拔，不能突围出去，笼罩的"阴影"就会将你吞没，让你在迷茫的黑暗中苦度人生。如若摆脱"阴影"的羁绊，最聪明最好的方法就是"面向太阳"。

面向太阳，就会把"阴影"甩在身后，而没有"阴影"的生活将充满欢乐；面向太阳，就会化忧伤为喜悦，变烦恼为欢欣，转困惑为明达；面向太阳，迎来的是一片光明，美好生活带给你的是无限的憧憬和向往。

如果你正被"阴影"困扰着，那么，何不妨学学那位老者，转过身去，面向太阳，拥抱光明。如此，也只有如此，展现在你前方的，必将是灿烂美好的明天。

愿每个人都能挺起腰身，昂起头颅，面向太阳！

通常人在发怒时，会有一系列生理变化，如心跳加快、胆汁增多、呼吸紧迫、脸色改变，甚至全身发抖。这种情况对人体健康的伤害性是不言而喻的。

生活中遇到能引起人发怒的刺激时，应当力求避开，眼不见，心不烦，怒去一半。这是自我保护性的制怒方法。

有一天，波曼在公司的走廊里，听到办公室里有一个职员埋怨自己的工作，认为公司安排给他的工作太多，而领导并没有真正赏识他。波曼想马上走向前去，把他辞退。但想想为了这样的一件小事就生气，很不值得。于是，等他自己的怒气消退一点的时候，他向前走去对那位职员说："约翰逊，你近来是不是觉得受了委屈？"

"啊！没有，"约翰逊答，"我觉得很好。"

"我刚才好像听你说工作太累了，而你有点不满足于你的工作，那么从明天起你可以不来了。"波曼和颜地说。然后约翰逊显出惭愧后悔的样子，其实，他之所以觉得受委屈，唯一的原因是他前一天在一块泥泞地上换了一个汽车轮胎而感到不高兴。一点点的委屈使他失去了永远的工作。浮躁的心态导致人生路上的失败。

心态决定命运，生活中我们要学会调整自己的心情。假如遇到一些琐碎的事情使你老是烦躁不安，你最好是休息一下，或是出去散散心，或者至少你要找出使你烦躁的原因，然后想法解除。

积极心态与成事的关系相辅相成。毫无疑问，一个不想当元帅的士兵，一辈子都成不了元帅。

因此，成功最大的敌人往往就是我们自己消极的心态。这种心态常常把我们吓倒。要想成就卓越，必须牢固树立积极成功的心态，彻底清除和控制消极失败的心态。这些消极心态常常不请自人，光顾我们的头脑。它们像毒菌一样侵害我们的心灵。如果不加抵制，它们便会迅速繁殖扩散，使我们的整个人生走向消极和失败。

心理解脱

只要你拥有积极的心态，就没有解决不了的难题，就没有做不成的事。仔细观察比较一下成功者与失败者的心态，尤其是关键时刻的心态，我们就会发现积极的心态确实可以改变一个人的命运。

2. 淡泊明志，快乐一生

> 快乐的人永远不去追逐名利，而是求得一种超脱自我的心性自由和逍遥。

现在社会上的人，衣食饱暖却总认为自己拥有的不够多；锦衣玉食者又唯恐自己的东西会失去。于是继续争斗，求名、求利没有片刻的安乐。这样的人生又有何趣味。只有以淡泊之心处世，才能品出人生的真正滋味。

有几个爬山的人，见到山上一个人站了很长时间也不动，非常好奇就走过去问他。

"你是在欣赏这里的风景还是在等人啊？"

那人回答："不是。"

"那么，你累了吗？"

"没有。"

"既然什么都不是，那你为什么站在这里？"

"我只是在这儿站着。"

庄子说："至人无己。"

"无己"即破除自我中心，亦即扬弃功名束缚的小我，而达到与天地精神往来的境界。

从这里可以看出，庄子所主张的超脱，实际上是摆脱了一切之后的无知无欲，表现在人生理想上，那就是"无名"。即独与天地相往来的独善其身。

"非淡泊无以明志，非宁静无以致远"，诸葛亮的这句话可谓是他一生的写照。在没有辅佐刘备之前，他高卧隆中，每日看书种田，日子过得怡然自得。做了刘备的首席谋士以后，联吴抗曹让曹操数十万大军在谈笑间灰飞烟灭，收服孟获，解决了蜀汉的后顾之忧；进而帮助刘备与曹操、孙权周旋，使得刘备最终鼎足而立，形成三分天下的局面。如果没有诸葛亮，很难想象蜀汉乃至刘备是个什么样子。诸葛亮在几十年的戎马生涯中，不为私利，一心为国，他事无大小都亲历亲为，为蜀汉的建立呕心沥血，唯独没有考虑过他自己，最后"鞠躬尽瘁，死而后已"。

自古至今，淡泊名利的人还有很多，像"采菊东篱下，悠然见南山"，不为五斗米折腰的陶渊明就是其中一个。陶渊明性情恬静不爱说话，不贪图荣华富贵。他爱好读书，有很深的文字功底，每当看书有了心得体会，就会兴奋得手舞足蹈。

陶渊明家境贫寒，屋子空有四壁，连遮风蔽雨都成问题；身上粗布短衣，破烂不堪。他经常缺吃少喝，却安然自得，常写些文章以展示自己的志向，从不把得失放在心上。

陶渊明第一次做官时，去了一个州做祭酒，可是他受不了官场的束缚，没几天就自动离职回家了。不久，州里招募他做主簿，他觉得不自由，也就没有去。他只是自耕自种，供给自家生活。

第二次，他被委派做了个小县令，这属于那种山高皇帝远的地方官，没有什么压力，所以他很愉快地答应了。他吩咐属下在官府的田里全都种上秫稻，可是妻子却坚持种粳稻，于是他就想了一个折中的办法，一半种秫稻，一半种粳稻。然而好景不长，有一天上边派官员来视察，属下官员告诉他，应当整冠束带、衣帽整齐地去拜见。陶渊明于是长叹一声说："我不能为五斗米的薪俸弯腰拜迎乡里小人。"于是辞官而去。

陶渊明淡泊名利，他师法自然的心性和不为五斗米折腰的气度早已传为千古佳话，其"采菊东篱下，悠然见南山"的生活情趣更是自然恬意，成为众多淡泊名利者的生活写照。

克制自己得利之心，懂得放弃一些东西，因为有所弃才有所获。有了淡泊名利的心，才能胜不骄，败不馁，在事物的成败面前保持一种平和坦然、乐观豁达的人生态度，用一种超然的心态对待眼前的一切；才能不计较得失，不以物喜，不以己悲，不为凡尘中的功利、名誉所左右，让自己的人生回到自然状态，从而获得心灵的充实和自由。

不为名利左右，能够在人世间收放自如，不计较得失的人才能获得心灵的平静，找到真正的快乐。

3. 以出世的心态做人

孩子的眼睛里没有黑暗，到处一片光明，他们的心中充满了明媚的阳光，四处散发着美丽的光芒。因此，孩子是幸福快乐的。

一位用心良苦的富人，为了让儿子体会到贫穷生活的艰辛，带着他去农村体验生活。

他们到了一个偏远的小山村，父亲找了一家最穷的人家，在那里待了3天。

回到家以后，父亲对儿子说："怎么样，这次旅行还愉快吗？"儿子兴奋地回答说："非常棒。"父亲兴趣盎然地让儿子谈谈自己的想法。

儿子开心地说："他们家要比咱们家富有得多。你看，咱家只有一只小狗，而我却发现他们家养着一只大狗两只小狗；咱家仅有一个小游泳池，可他们家却有一个很大的水库；咱们家的花园里只有一小片的花草，可他们房子后面却有漫山遍野的花；咱们家什么蔬菜也没有，而他们家却种满瓜果蔬菜！"

听完儿子的感想后，父亲再也无话可说了。

儿子摇着父亲的手又说道："爸爸，我现在才知道原来咱们家是那么的贫穷。"

孩子的世界里没有黑暗，到处都是明媚的阳光，他们不懂得世间的疾苦，也缺少了大人们那份多愁善感，他们眼中的世界一片和平美好，四处散发着美丽的光芒。因此，孩子的幸福快乐要比大人多几倍，甚至几十倍。

为了寻找幸福美满的生活，我们需要效仿孩子，用那颗纯真的心去看待世间发生的每一件事。如果可以做到这一点，哪里还会有那么多的不如意？如果可以做到这一点，生活中每一个微小的惊喜都可以让你被快乐围绕。

有位老师问她七岁的学生："你幸福吗？"

"是的，我很幸福。"她回答。

"经常都是幸福的吗？"老师再问道。

"对，我经常都是幸福的。"

"是什么使你感觉幸福呢？"老师继续问道。

"是什么我并不知道。但是，我真的很幸福。"

"一定是有什么事物才使得你幸福的吧！"老师继续追问着。

"是啊！我告诉你吧！我的玩伴们使我幸福，我喜欢他们。学校使我幸福，我喜欢上学，我喜欢我的老师。还有，我喜欢上教堂，也喜欢上主日学校和其中的老师们。我爱姐姐和弟弟。我也很爱爸爸和妈妈，因为爸妈在我生病时关心我。爸妈是爱我的，而且对我很亲切。"

老师认为在她的回答中，一切都已齐备了——和她玩耍的朋友、学校、教会和她的主日学校、姐弟和父母。这是具有极单纯形态的幸福，而人们最高的生活幸福亦莫不与这些因素息息相关。

后来。这位老师也曾向一群少男、少女提出过相同的问题，并且请他们把自认为"最幸福的是什么"一一写下来。他们的回答同样令人觉得感动。这是少男们的回答：

"有一只雁子在飞，把头探入水中，而水是清澈的；因船身前行，而分拨开来的水流；跑得飞快的列车；吊起重物的工程起重机；小狗的眼睛……"

以下则是少女们对于"什么东西使她们幸福"的回答：

"倒映在河上的街灯；从树叶间隙能够看得到红色的屋顶；烟囱中冉冉升起的烟；红色的天鹅绒；从云间透出光亮的月儿……"

虽然这回答并没有充分表现出幸福的完整性，但无疑是孩子们最真实的表达，其实幸福和快乐就这么简单，只要你用孩子的眼光看待世界，你的世界就会充满无限阳光。

心理解服

想要成为幸福而快乐的人，重要的秘诀便是：拥有清澈的心灵，可以在平凡中窥见浪漫的眼神，以及单纯的精神。以出世的心态做人，向孩子的心灵看齐。

4. 以德报怨天地宽

> 宽容是人生的一种美德，以德报怨则是宽容的至高境界。

也许我们可以宽容一个人的错误，可以宽恕别人对我们的伤害，可是要做到不计前嫌，不但不记别人的仇，反而给他好处，即以德报怨，似乎就不那么容易和简单了。

1994 年 9 月的一天，一对英国夫妇带着 10 岁的儿子尼古拉斯·格林驾车旅游，就在他们行使在意大利境内的一条高速公路上的时候。突然，一辆菲亚特轿车超过他们，车窗内伸出几支枪杆，一阵射击之后，他们的儿子中弹身亡。

这对夫妇本该痛恨这个国家，痛恨这个国家所有的人，因为在这块土地上他们失去了一生最爱的儿子。可是，悲伤过后，他们居然做出一个令人震惊的决定：把儿子健康的器官捐献给意大利人！

在意大利，即使是正常死亡的本国公民自愿捐献器官的也是罕见的，这对夫妇以一颗宽容的心原谅了这个给他们带来灾难的国家，并做出了这个令所有人都意想不到的决定。后来，一个 15 岁的少年接受了尼古拉斯的心脏，一个 19 岁的少女得到了他的肝，一个 20 岁的妇女换上了他的胃，另两个孩子分别得到了他的两个肾。5 个意大利人在这份生命的馈赠中得救了。

这件轰动一时的事足以令所有的意大利人汗颜！1994 年 10 月 4 日，意大利总统斯卡尔法罗将一枚金奖章授予这对英国夫妇，为他们的容纳百川的胸怀以及悲世悯人的情操，更为他们以德报怨的人生境界。

对于曾经伤害过自己的人，打击报复只能为自己埋下更多的怨恨，树立更多的敌人。而如果能以德报怨，不但能够感化对方，为我所用，还能够树立自己的威望，得到更多人的尊敬和拥戴。

中国历史上唯一的女皇武则天，就曾经不惜以德报怨，感化蓄谋谋杀自己的上官婉儿，并使之成为自己的"心腹"。

上官婉儿是李唐时期五言诗"上官体"的鼻祖上官仪的孙女。上官仪是唐初重臣，曾一度官任宰相，参与高宗的废后行动后被武则天发觉，上官仪与其子被斩，上官婉儿与母则为宫婢。婉儿14岁那年，太子李贤与大臣裴炎、骆宾王等策划倒武政变，婉儿为了报仇也积极参与。但事情败露，太子被废，裴炎被斩，骆宾王死里逃生，但上官婉儿则为武则天所赦。

上官婉儿非常有才华，14岁时曾作了一首《彩书怨》的诗，被武则天无意中发现，深得她的喜爱。但是上官婉儿居然参与了政变，要谋杀她，这是任何一个人都难以容忍的，何况她又是皇帝，其罪不可赦！司法大臣提出按律"应处以绞刑"。若念其年幼，也可施以流刑，即发配岭南充军。

但是武则天则认为：据其罪行，应判绞刑，但念她才十几岁，若再受些教育，是可以变好的。所以，不宜处死。而发配岭南，山高路远，又环境恶劣，对一个少女来说，也等于要了她的命。所以，也太重些。尤其是她很有天资，若用心培养，一定会成为非常出色的人才。鉴此，武则天决定对婉儿处刑，即在她的额上刺一朵梅花，把朱砂涂进去。并把婉儿留在自己身边，"用我的力量来感化她"。武则天还表示：如果我连一个十几岁的女孩子都不能感化，又怎么能够"以道德感化天下"呢？

武则天不仅赦免了上官婉儿，而且把她留在身边感化她，这是何等的胸襟！此后，武则天一直对婉儿悉心指导，从多方面去感化她、培养她、重用她。婉儿从武则天的言行举止中，了解了她的治国天才、博大胸怀和用人艺术，对她彻底消除了积怨和误解，代之以敬佩、尊重和爱戴，并以其聪明才智，替她分忧解难，为她尽心尽力，成了她最得力的助手。

如今，以德报怨的事件在我们的生活中也并不少见，或者说它已经延伸到我们生活的每一个角落。有一个很普通的商业事件：

有一个顾客欠了迪特毛料公司15美金。一天，这位顾客愤怒地冲进迪特先生的办公室，说他不但不付这笔钱，而且一辈子再也不花一分钱购买迪特公司的东西。

迪特先生没有因此生气，在顾客发怒的时候，他始终一声不吭，耐心等他发泄完自己的怒气，然后迪特先生才温和地说："我要谢谢你到芝加哥来告诉我这件事，你帮了我一个大忙，因为如果我们的信托部门打扰了你，他们就可能也打扰了别的顾客，那就太不幸了。相信我，我比你更想听到你所告诉我们的话。"

这个顾客本以为迪特先生一定会为自己辩解，甚至会和自己争吵，但他做梦也没有想到会听到这些话。迪特先生还要他放心，并告诉他说："我们会把这笔账一笔勾销的。你是一位非常细心的人，只有一份账目要管，而我们的职员则要照顾好几千个账目。比起他们来，你不太可能出错。既然你不能再向我们买毛料，我就向你推荐一些其他的毛料公司。"

结果，这个顾客又签下了一笔比以往更大的订单。他的儿子出世后，他给起名为迪特。后来他一直是迪特公司的朋友和顾客，直到去世为止。

从前有一个富人，他有三个儿子，在他年事已高的时候，富人决定把自己的财产全部留给三个儿子中的一个。

可是，到底要把财产留给哪一个儿子呢？富人于是想出了一个办法：他要三个儿子都花一年时间去游历世界，回来之后看谁做到了最高尚的事情，谁就是财产的继承者。

一年时间很快就过去了，三个儿子陆续回到家中，富人要三个人都讲一讲自己的经历。大儿子得意地说："我在游历世界的时候，遇到了一个陌生人，他十分信任我，把一袋金币交给我保管，可是那个人却意外去世了，我就把那袋金币原封不动地交还给了他的家人。"

二儿子自信地说："当我旅行到一个贫穷落后的村落时，看到一个可怜的小乞丐不幸掉到湖里了，我立即跳下马，从河里把他救了起来，并留给他一笔钱。"

三儿子犹豫地说："我，我没有遇到两个哥哥碰到的那种事，在我旅行的时候遇到了一个人，他很想得到我的钱袋，一路上千方百计地害我，我差点死在他手上。可是有一天我经过悬崖边，看到那个人正在悬崖边的一棵树下睡觉，当时我只要抬一抬脚就可以轻松地把他踢到悬崖下，我想了想，觉得不能这么做，正打算走，又担心他一翻身掉下悬崖，就叫醒了他，然后继续赶路了。这实在算不了什么有意义的经历。"

富人听完三个儿子的话，点了点头说道："诚实、见义勇为都是一个人应有的品质，称不上是高尚。有机会报仇却放弃，反而帮助自己的仇人脱离危险的宽容之心才是最高尚的。我的全部财产都是老三的了。"

当然以德报怨也是要看情况的，并不是所有的时候，我们都提倡来以德报怨。比如对那些不知邪恶的小人，我们的以德报怨只会纵容他们的恶行。对于采取何种方式对待伤害你的人，莎士比亚提醒我们要放弃会使事态恶化的举措，冷静下来处理事情，找到一条最佳方案，不能盲目地采取以德报怨或以怨报怨的做法，那是迂腐的。

心理解脱

以德报怨是一种境界，是一种善行。要做到以德报怨，需要一颗宽容的心。以牙还牙，以毒攻毒，虽然可以解一时之气，却难以平息由此产生的严重后果，结果总是导致仇人增多友人减少。聪明人采取以德报怨的方法，一方面可以消除对方的仇恨情结，使其反省自己的行为；另一方面也可以使自己在行为上处于有利的一方，使别人因为自己的宽容而信任自己。

5.忘掉过去，心态归零

　　时钟每到子夜，都会归零，新的一天就会开始。人生也像
时钟，也要经常归零，只有归零，才会有新的突破，才会有新
的辉煌。

　　我很欣赏这样一句话：老年人最大的敌人是自己，最大的挑战是挑战自我。自己说服自己是理智的胜利；自己超越自己是心理境界的升华；自己征服自己是人生的成熟。退休了就要调整好自己的心态，从"干事业"变为"过日子"，一切都在改变，一切从零开始。

　　干事业也好，过日子也好，都离不开善待自己和善待别人的问题。在善待自己的问题上，悟出三句话："看得惯，想得开，忘得快。"看得惯就是对不断出现的许多新鲜事要看得惯，不苛刻，不求全。想得开，社会正在变革之中，难免有不公平、不合理之处，要允许有个逐步完善的过程。忘得快，人的一生不知要遇到多少不愉快的事情，烦心事不要往心里去，不要自己跟自己过不去。不要把别人对自己的态度看得过重，更不必看别人的脸色行事。

　　在善待别人上，也悟出三句话，即多看别人的长处；多记别人的好处；多想别人的难处。

　　归零的心态就是空杯、谦虚的心态，就是重新开始。第一次成功相对比较容易，第二次却不容易了，原因是心态不能归零。因而无法突破自己，取得再次成功。

　　长安集团的总裁，在接受中央电视台东方之子栏目采访的时候说了一句话：往往一个企业的失败，是因为他曾经的成功，过去成功的理由是今

天失败的原因。任何事物发展的客观规律都是波浪式前进，螺旋式上升，周期性变化。中国有一句古话，叫风水轮流转，经济学讲资产重组。电视剧有句道白：生活就是不断的重新再来。不归零就不能进入新的资产重组，就不会持续性发展。

将心态归零，不让过往的阴云或者荣耀牵绊今日的脚步。人的心就仿佛可盛水的玻璃瓶，盛满清水后仿佛满了。但这是不是就是最终达到的形态呢？其实，可以溶解在其中的物质还有很多。这些物质就有如我们需要吸收的新的、有益的知识。

一个仅仅满足于"清水"的人很快就会被疾风骤雨吹打凋零的。生活中就需让自己时时处于"归零"的状态 (空杯心态)，去溶解更多的"物质"。归零心态不是简单的忘记，而是让自己以平和的心态去接纳更多的新事物。因为一个良好的心态远比个人的能力更重要。

生活中，有些人总是活在过去，总惦记着自己的种种辉煌，开口就是"想当年""我以前"诸如此类的话，你要喝咖啡，就要把杯里的茶倒掉，一半是茶，一半是咖啡，最后什么也不是。半桶水的心态是装不下多少东西的，最后会把水都晃个精光，不管我们以前有多么辉煌，那只能说明过去，并不代表未来，一个人要取得突破，必须要忘掉过去，放下成功，重新开始。

心态归零，意味着昨天再美丽只能代表过去；不能代表明天。总结过去的业绩，不应该成为炫耀的资本，更不能自负，要成为树立信心的平台，为自己鼓劲，新的明天还是要重新去创造。

心态归零，意味着不要让昨天的烦恼和失败成为自己前进的包袱，大胆地抛开阻力，迎接新一轮的挑战。

心态归零，意味着面对明天一切从零开始，新的起点，新的希望，等待着新的收获。

心态归零，意味着珍惜今天，走好脚下的路，审视自己，反思自己，塑造崭新的自我。

心态归零，意味着松绑自己，以快乐的心情来生活，勇敢地迎接新一轮的曙光。

　　归零的心态就是一切从头再来，就像大海一样把自己放在最低点，来吸纳百川。归零的心态就是在接受每一次挑战的时候，把自己放到一个全新的起点上，否则，以往的成功或失败都会变成你的包袱。将心态归零，放下包袱，轻装上阵，成功就会在不远处向你招手。

十八、像白云一样自由自在

　　人们都向往自由自在、无拘无束的人生。就像林中鸟、水中鱼那样生活着。虽然前进的路上可能遇到这样那样的坎坷和荆棘，但我们还是宁愿我行我素，坚定地走自己的路。人生在世，短短数十寒暑，如何让自己活得自由自在，这是非常重要的。有的人有钱有势，有名有位，乃至儿孙满堂，但是却活得不自在，这样的人生没有幸福可言；人生只有活得很自在，才会幸福。观世音菩萨有一个名号叫观自在，因为他能观人自在、观事自在、观境自在。所以，我们要像观世音菩萨那样，时时观照自己，观照自己的心，看看心自在不自在，心觉得很自在，这就是幸福快乐的人生。

1. 让自由成为人生的序幕

自由是多么的可贵。因此，不要轻易放弃自己应该拥有自由的权利。让自由成为人生的序幕。

时下，"自由"二字使用的频率很高。孔夫子说："五十而知天命，六十而耳顺，七十而从心所欲，不逾矩。"

自由不单是指人的神情、行为举止和风貌，主要指人内在的气质。唐代诗人李白有诗曰："右军本清真，潇洒在风尘。"就是赞颂东晋书法家王羲之气质高洁质朴。

自由也不是对人对己不负责任、无所顾忌。实际上，自由是一种修养，是成熟的表现。诗人白居易有诗曰："行止辄自由，甚觉身自由。"丰富的社会履历和实践经验，使人变得成熟老练，能做到理智行事，"行止辄自由"。

人们在日常生活中，常常用羡慕的口吻说："某某人活得真自由。"自由并不是说万事如意，没有任何麻烦，而是指一种心境、胸怀。其实，在现实生活中，遇到不顺心的事或难事，如果能做到胸襟坦荡，拿得起、放得下，永远保持平静、轻松、豁达的心境，能不自由吗？

庄子曾经做过一个梦。梦中，有一群自由快乐的蝴蝶，一会儿飞到东，一会儿飞到西，一会儿飞到草丛中，一会儿飞到花蕊上。庄子产生了羡慕之情，竟然也变成了蝴蝶，到处遨游，自在极了。在现实生活中，他也努力追求精神自由，借以达到"与道为一"的逍遥境界。他对自由的追求包括两个层面：一是对永恒的宇宙根本规律的执意探索、归依、同体；一是对现实社会的冷峻审视、超脱和绝离。

《史记》中记载，楚威王听说庄子很有才干，专门派出两个使者带了重礼，请他前往楚国为相。当时，庄子正在濮水上钓鱼，"持竿不顾"地说："千金、卿相的确是重利尊位，但这就好像被人钳制、利用而悬挂在庙堂上的乌龟一样，我宁可自由自在地爬行在烂泥里，图个精神快乐。"

森林里住着一群小麻雀和一只小八哥，生性爱唱的八哥一天到晚唱个不停。后来，又飞来一只夜莺落户森林，生性爱唱的八哥同样一天到晚唱个不停。小刺猬对八哥说道："在小麻雀面前，你确实算得上歌唱家，可在夜莺面前，你不知道你那声音难听得跟乌鸦叫一样，还成天唱些什么？"八哥回答说："我在小麻雀面前唱，不是为了想表现自己；在夜莺面前，我也不会因为自己声音难听而把心中要唱的咽到肚里。"

不卑不亢，从容面对，对自己的感觉负责，不要在乎别人说什么。只有自己才清楚自己真正的需要。想唱就唱才能唱得响亮，才能获得心灵的自由和轻松。

在我们的人生旅途中，从小就在父母的束缚下成长，所以，孩子们都渴望着早一天长大成人，寻找属于自己的那片自由的天空。

在《自我实现之路》一书中，曾有这么一段叙述："父母的价值观及行为态度为子女外在行为的本源，主要包括被双亲所认可的态度与行为。父母的外在行为对子女的影响，表现在子女对他人的偏见、批评、相处等方面，而父母对子女内在心理的影响则来自幼时其"父母"之命所留下的价值观及评价。"

每个人从小就在父母的教诲下长大的，一生受其影响。所以我们长大的时候，但每每在遇到困难的时候，母亲的教诲仍会不时在我们的耳边响起："不可以这样做！""既然决定了就放手去做吧！"然而，事实上并不是因为那是母亲说过的话，所以就特别记得住，而是我们从小就把父母的教诲当作是一种习惯，在不知不觉中保存在记忆里。

詹姆斯与约翰果德之所以会提出"人生的剧本"这么独特的说法，是因为他们认为，人的心里面都存在着一本无形的生活剧本，而每个人都根据自己剧本中的剧情在生活。他们曾说过：

"人从一诞生即揭开了他人生剧场的序幕。剧本中的指示，是透过父母与孩子之间的交流，然后使子女融入该父母心目中理想的自我意识之中。孩子们在成长的过程中，学习如何扮演英雄、女主角、恶棍、牺牲者、救助等各种不同的角色，并下意识地找寻那些可以扮演与自己敌对角色的人。"

换句话说，我们每天都是按照父母所写的剧本在生活，而且绝大部分是在不自觉的情况下进行。大部分人在成长过程中总是受其父母所编的剧本影响，努力半天逐渐成为他们所期望的那种人。

其实父母亲传达给小孩的讯息未必全都是正确的，有可能当时他们所传达的讯息，只会造成小孩子自暴自弃的心理。这样一来，不但会使小孩变得性情乖僻，甚至因而误入歧途。

人类从呱呱坠地开始，即具有存在的自由以及成为胜利者所应具备的能力。并运用他人 (包括自己的父母) 所给予的各种讯息和剧本，将之融入自己的想法与计划之中，然后继续自己的人生路程。

心理解脱

人生的剧本应该由自己来编写与导演，如此才能真正走出属于我们自己的路，才能生活在宽广和快乐的海洋之中，像水中的鱼儿一样自由自在。

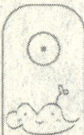

2. 放飞自己的心情

> 放飞自己的心情，让自己的心呼吸新鲜空气，抛开一切烦恼，尽情地享受生命吧！

人生旅途需要走的路会很长很长。艰难地走，崎岖坎坷的路，没有目标，也就没有尽头。快乐地走，"把黄连当哨吹——苦中作乐，"潇潇洒洒奔向成功。

走路的人，总要经历过一些雷雨交加的日子。风和日丽固然让人喜悦，但在泥泞中跌倒滚爬，才能让人真正体会到"不经历风雨，怎能见彩虹"的豪气，才能领悟到生活的真谛。有坎坷、有沼泽、有山川、有大河，可是，不管怎样，我已经"从这林中走过"。

且歌且行，乐观豁达的人，能把枯燥的行程变得富有情趣，能把艰难的攀登变得轻松活泼，能把孤独的旅程变得甜美珍贵。

且歌且行，融入自然，享受生命，品味生活。

人在旅途，总会"拾捡"到好多的故事，自己的，别人的。

这些故事给我们带来了一些感悟和一些思索，人间的智慧由心而生。

生命的意义，不在于我们走了多少崎岖的路，而在于我们从中感悟到了多少哲理。这些亘古常新的人间智慧将帮助我们认清真正的人生和真正的快乐。

每个人都可以在自己心里种下一点快乐的种子，这些快乐的种子可能是一些爱好，一点信心，一个理想，或一些名人先知的格言——它们都可以帮我们在受到打击或挫折的时候，重新获得支持自己的力量。无论我们受到的打击有多么严重，只要我们能保持自己内心这点平静，就不会真的受到环境的伤害，就可以随遇而安。

人与生俱来就是平等的。能力强的人，应该帮助能力弱的人。除了那些没有行动能力的人，每个人都有权利表现自己的才能。从事适合自己的工作，享受工作的乐趣，靠劳动所得生存。有能力的人，靠能力所得，过优裕的生活，完全是应该的。因为在能力的背后，他付出的艰辛也是巨大的，在基本能够公平竞争的社会环境里，天上是不会掉馅饼的。如果还能把自己所得的剩余部分，帮助能力差的人，施舍给失去了行动能力的人，这将是一个公平的充满爱心的健康社会。

澳大利亚作家安德鲁·马修斯说："每个人都希望自己是快乐的，可我们都太忙了，都把快乐这事给忘了。对很多人来说，最大的困难是如何在平凡而简单中寻找一种乐趣。"他认为，"不是每个人每时每刻都是快乐的，大家都有伤心、低落、失望的时候，重要的是我们能从失望和绝望中走出阴影。快乐有两种：一种是哗众取宠的快乐。另一种是你内心深处真正感到快乐——你在做一些很有意义、对他人有帮助的事情。"

我们不要把快乐全部寄托在别人身上。因为别人只能有限度地了解和帮助我们。而事实上，这个世界上锦上添花的人总比雪中送炭的多。如果你表现得很坚强，别人就都能来鼓励你。如果你软弱，就很少有人会来扶助你了。

快乐不能仰仗旁人，而只能依赖自己。我们不能希望由他人的帮助获得快乐。如果自己没有适当的自处之道。则苦恼一定会时常跟着我们，所以，我们必须训练自己，使自己在即使没有家人，没有朋友的情形下，仍然能够坚强快乐地生活下去：使自己在失望，灰心的时候仍然能够建立起希望和信心。

我们生活里的事情，可能有90%都是对的，只有10%是错的。如果我们要快乐，我们所要做的就是：集中精神在那90%对的事情上；而不要理会那10%的错误。假如我们想要担忧，想要难过，想要得胃溃疡，我们只要集中精神去想那10%的错事，而不管那90%的好事。

你和我，每一天，每个小时，都能得到"快乐医生"的免费服务，只要我们能把注意力集中在我们所拥有的那么多令人难以置信的财富上——那些财富远超过阿里巴巴的珍宝。你愿意把你的两只眼睛卖一亿美金吗？你肯把你的两条腿卖多少钱呢？还有你的两只手，你的听觉，

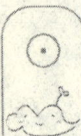

你的家庭。把你所有的加在一起，你就会发现你现在拥有的一切绝不会就此卖掉，即便把洛克菲勒、福特和摩根三个家族所有的黄金都加在一起也不卖。

心理解脱

大自然对每个人都是公平的，它把阳光和雨露毫不吝惜地洒在每一个人的身上，让我们放飞自己的心情，尽情地去享受每一份温暖和明媚吧！

3. 给心灵放个假

> 人要适时地给自己减压，给大脑放个假，让自己的生活更轻松。

在生活中，面对着各种各样不合自己心意的事，你会采取什么样的态度呢？是坦然、磊落、轻松地对待，还是谨小慎微，抬头怕顶破天，走路怕踩到蚂蚁呢？值得告诉大家的是，不要让自己长期候，给自己的心灵放假，轻松自在地活着。

一天，学者率领诸弟子走到街市上，整个街市车水马龙，叫卖声不绝于耳，一派繁荣兴隆的景象。

走出一程后，哲学家问弟子："刚才所看到的商贩中，哪个面带喜悦之色呢？"一个弟子回答道："我经过的那个鱼肆，买鱼的人很多，主人应接不暇，脸上一直漾着笑容。"

弟子的话还没说完，学者便摇了摇头，说："为利欲而高兴的心虽喜却不能持久。"

学者率众弟子继续往前走，前面是一大片农舍，鸡鸣桑树，犬吠深巷，三三两两的农人穿梭忙碌着。学者打发众弟子四散而去。过了一段时间之后，学者又问弟子："刚才所见到的农人之中，哪个看起来更充实呢？"

一个弟子上前一步，答道："村东头有个黑脸的农民，家里养着鸡鸭牛马，坡上有几十亩地，他忙乎完家里的事情，又到坡上侍弄田地，一刻也不闲着，始终汗流浃背，这个农民应该是充实的。"

学者略微沉吟了一阵子，说："来源于琐碎的充实，最后终归要迷失在琐碎当中，也不是最充实的。"

一行人继续往前走，前面是一面山坡，坡上是云彩般的羊群。一块巨石上，坐着一位形容枯槁的老者，怀里抱着一杆鞭子，正在向远方眺望。学者随即止住了众弟子的脚步，说："这位老者放松自己，任心游走，是生活的主人。"

众弟子面面相觑，心想，一个放羊的老头，可能孤独无依，食衣无着，怎么能是生活的主人呢？

学者看着迷惑不解的弟子，朗声道："难道你们看不到他的心灵在自由自在地散步吗？"

人活一辈子，容易受外界的影响，让自己的心灵沾上世俗的尘埃和名利的污秽。即使他们看起来是光鲜的，但是他们却是活得最累的。只有心灵得到自由和快乐，这样的人生才是圆满的。所以，从现在开始，好好守护你的心灵，为自己留下一片心灵的净土。这样，才能获得真正的快乐和自由的人生。

从前，有个富人娶了四个老婆。

大老婆长得美丽又善良，每天像影子一样寸步不离地跟随富人，给他挣足了面子。

二老婆是费尽周折抢来的，也算得上是倾国倾城、人见人爱的绝色佳人，可以说每个人都想要这样的老婆。

三老婆姿色平平，不过她整天打理内外，让富人可以当甩手掌柜，富人很是满意。

而小老婆呢？经常躲在房间里不出来，富人也几乎忘记了还有这样一个老婆。

有一天富人要出远门，到一个穷山恶水的地方去做买卖，要选一个老婆陪自己才行啊。

大老婆说："我才不要陪你去呢，我皮肤太嫩了，怕晒。"

二老婆说："当初我就不愿意嫁给你，是你把我抢来的，现在打死我也不去。"

三老婆说："我难以忍受风餐露宿，不过我可以陪你走一段路，别的就免谈了。"

这时候富人想起了第四个老婆，令富人出乎意料的是，这个老婆话也没说一句，就跟着富人上路了。富人不由感慨万分："还是第四个老婆靠得住啊！"

这个富人是谁呢？其实就是我们自己。

第一个老婆就是名誉，第二个老婆代表着财富，第三个老婆代表着亲朋好友，而第四个老婆则是你的心灵财富。

人们在现实生活中，总是热衷于与前面三个老婆亲热，总会冷落了第四个老婆——自己的心灵。实际上，第四个老婆才是真正与我们相伴一生的，也是最靠得住的。

既然前面三个老婆迟早靠不住，为何不及早多关爱一下第四个老婆呢？所以，从现在开始，好好呵护你的心灵，给自己的心灵放个假。唯有如此，你才能时刻保持清醒的头脑，不为名利贪欲所左右，保持心灵的自由和快乐。

心理解脱

如果能给自己的心灵放个假，随时随地看到和想到自己生活中光明的一面，同时意识到自己面临的困境，别人也曾遇到过，甚至比自己的更严重，那你就能从某种烦恼和痛苦中解脱出来，那么你就获得了自由和新生，更加自信而愉快地生活。

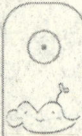

4. 挣脱心灵的枷锁

一位哲人曾经说过，心灵是自己做主的地方，能把地狱变成天堂，也能把天堂变成地狱。

人在很多时候很容易被种种烦恼和物欲所捆绑。那都是自己把自己关进去的。

就是因为自己心中的枷锁，我们凡事都要考虑到别人怎么想，把别人的想法深深套在自己的心头，从而束缚了自己的手脚，使自己停滞不前。就是因为自己心中的枷锁，我们独特的创意被自己抹杀，认为自己无法成功，告诉自己，难以成为配偶心目中理想的另一半，无法成为孩子心目中理想的父母、父母心目中理想的孩子。然后，开始向环境低头，甚至于开始认命、怨天尤人，把自己囚禁在无形的塔中。

俗话说："金无赤足，人无完人。"每个人都会有这样或那样的缺憾，真正完美的人现实生活中是不存在的，道理虽然浅显，可当我们真正面对自己的缺陷或生活中不尽如人意之处时，却又总感到懊恼、烦躁。

其实，完美的标准是相对而言的，因人的审美观不同而不同，今天以肥为美，明天就可能以瘦为美。古人以脚小为美，时下如果有"三寸金莲"走在大街上，路人肯定会笑掉大牙。

追求完美没有错，可怕的是追而不得后的自卑与失落。即使缺陷再大的人也有其闪光点，正如再完美的人也有缺陷一样。能够充分发挥自己的长处，照样可以赢得精彩人生。正如清朝诗人顾嗣协所说："骏马能历险，犁田不如牛。坚车能载重，渡河不如舟。舍长以就短，智者难为谋。生材贵适用，慎勿多苛求。"

勤能补拙，先天的不足同样可以用后天的努力来弥补。孙膑因受刑而作《孙膑兵法》，司马迁因受宫刑而作《史记》。王羲之从小口吃，为了弥补这个缺陷，乃发愤读书，终于书法冠绝古今，成为书圣。白居易曾经留下很多美丽的诗篇，可他却是生来体弱多病，又干又瘦，四十多岁时便头生白发，掉了许多牙，而且近视得很厉害。缺憾并不可怕，完美也没有满分。面对不足，采取泰然处之的心理态度，生活中便会少一份烦恼，多一片笑声。

人的一生的确充满许多坎坷，许多愧疚，许多迷惘，许多无奈，稍不留神，我们就会被自己营造的心灵的监狱所监禁。而心狱，是束缚我们心灵的极大杀手，它在使心灵凋零的同时又严重地威胁着我们的快乐和自由。

心理解脱

既然心狱是自己营造的，人自己就有冲出心狱的本能，那么，还是让我们自己动手，拆除心灵的监狱，挣脱心灵的枷锁，还自己以自由而亮丽的心灵吧！

5. 不要被财富奴役

抓住财富不放的人，必将成为财富的奴隶，最终会失去美好生活和自由快乐的人生。

大多数人把追求财富当作了生活的全部内容，这样一来，他们就再也无法享受到生活的自由和美好，反将自己弄得身心疲惫。痴求财富就必为财富所套牢，失去人生的快乐和自由。

老约翰·洛克菲勒在33岁那年赚到了他一生中第一个一百万，到了43岁，他建立了世界上知名的大企业——标准石油公司。但不幸的是，53岁时，他却成为事业的俘虏。充满忧虑及压力的生活早已压垮了他的健康。他的传记作者温格勒说，他在53岁时，看来就像个手脚僵硬的木乃伊。

洛克菲勒53岁时因不知名的消化症。头发不断脱落，甚至连睫毛也无法幸免，最后只剩几根稀疏的眉毛。温格勒说："他的情况极为恶劣，有一阵子他只得依赖酸奶为生。"医生们诊断他患了一种神经性脱毛病，后来不得不戴顶帽子。不久以后，他定做了一顶假发，终其一生都没有再摘下来过。

洛克菲勒在农庄长大，曾经有着强健的体魄，宽阔的肩膀，走起路来更是步步生风。可是，对于多数人而言的巅峰岁月，他却已肩膀下垂。步履蹒跚。一位传记作者说："当他照镜子时，看到的是一位老人。他之所以会如此，因为他缺乏运动休息。由于无休止地工作，操劳严重的体力透支，他同时也为此付出惨重的代价。他虽然是世界上最富有的人，却只能靠简单饮食为生。他每周收入高达几万美金。可是他一个礼拜能吃得下的食物，要不了两块钱。医生只允许他进食酸奶与几片苏打饼干。他的脸上毫无血色，用瘦骨嶙峋、老态龙钟形容他一点也不为过"。

忧虑、惊恐、压力及紧张已经把他逼近坟墓的边缘，他永不休止全心全意地追求目标。据亲近他的人表示，当他赔了钱时，他就会大病一场，在他运送一批价值四万美金的谷物取道太湖区水路，保险费用要二百五十美元，他觉得太昂贵就没有买保险。可是当晚伊利湖有暴风。洛克菲勒担心货物受损，第二天一早，他的合伙人跨进他办公室时，发现洛克菲勒还在来回踱步。

"快点！去看看我们现在投保是不是还来得及。"合伙人奔到城里找保险公司，可是回办公室时，发现洛克菲勒情况更糟。因为刚好收到电报，货物已安抵，并未受损！可是洛克菲勒更气了，因为他们刚花了二百五十美元投保费用。事实上，他把自己搞病了，不得不回家卧床休息。想想看，他的生意一年赢利五十万美元。他却为了区区二百五十美元把自己折腾得病倒在床上。

拥有百万财产，却怕付诸东流。可以肯定地说，他的健康是由忧虑一手毁灭的。他从没有自由和闲暇去从事任何娱乐，从来没有上过戏院，从来不玩牌，也从来不参加任何宴会。马克·汉纳对他的评价是："一个为钱疯狂的人。"

最后，医生终于对他宣布，在财富与生命中任选其一，并警告他如继续工作，只有死路一条。

医生不遗余力地挽救洛克菲勒的生命时，他们要他遵守两项原则：避免忧虑。绝不要在任何情况下为任何事烦恼；放轻松，从运动中获得心灵的自由。

洛克菲勒不得不谨记这些原则，也许因此捡回一命。他退休了，他学打高尔夫球，从事园艺，与邻居无忧无虑地聊天、玩牌，甚至自由自在地唱歌。

不过他还做了别的事。温格勒说："在失眠的夜晚，洛克菲勒有足够的时间自省。"他不再想要如何赚钱，他开始为别人着想，思考如何用钱来换取人类的幸福，洛克菲勒开始把他的百万财富散播出去。他捐钱给教会；建立成世界知名的芝加哥大学；他也帮助黑人，他捐助黑人大学。他甚至援助扑灭钩虫。后来他更进一步，成立了世界性的洛克菲勒基金会一直在对抗世界的疾病与无知。散尽千万财富，帮助那么多人，他终于寻回心灵的平静，真正地得到满足。这时有人会说："如果人们对洛克菲勒的印象还停留在标准石油公司的时代，那就大错特错了。"

洛克菲勒思想上自由了，所以很开心，他彻底地改变了自己，已成为毫无忧虑的人。事实上，当他遭受事业重创时，他再也不为此而牺牲睡眠。

任何人都难以相信，曾为250美元而失眠的人现在竟然如此自在轻松，也正是解脱心灵束缚后的自由，使他活到98岁。这样才能做财富的主人。

心理解脱

有时候我们拥有的不是太少而是欲望太多，如果让欲望占据了整个胸膛，让财富束缚了我们的心前选择逃脱，逃脱财富选择快乐，才能得到心灵自由和真正的人生解脱。